Feuerwehrfahrzeuge

© 2004

Verlag Podszun-Motorbücher GmbH
Elisabethstraße 23-25, D-59929 Brilon
Herstellung Druckhaus Cramer, Greven
Internet: www.podszun-verlag.de
Email: info@podszun-verlag.de
ISBN 3-86133-360-0

Für die Richtigkeit von Informationen, Daten und Fakten kann keine Gewähr oder Haftung übernommen werden. Es ist nicht gestattet, Abbildungen oder Texte dieses Buches zu scannen, in PCs oder auf CDs zu speichern oder im Internet zu veröffentlichen.

Manfred Gihl
Feuerwehr Fahrzeuge

Die wichtigsten Typen von 1945 bis 2000

EINFÜHRUNG

Seit Ende des Zweiten Weltkrieges, nachdem die deutsche Feuerwehrgeräteindustrie und die Nutzfahrzeughersteller schrittweise ihre Produktionen wieder aufnehmen konnten, sind bis heute einige Zehntausend Feuerwehrfahrzeuge verschiedenster Typen und Modelle gebaut worden. Es waren in der Hauptsache genormte, daneben aber auch zahlreiche speziell für den örtlichen Bedarf entwickelte Einsatzfahrzeuge. Es ist wohl nicht übertrieben zu vermuten, dass der viel genannte „Feuerwehrfreak" und selbst der beruflich mit der Materie befasste Fahrzeugspezialist in diesen fast sechs Jahrzehnten vielfältiger Beschaffungen nicht immer den Überblick behalten konnte. Gelegentlich erheben sich Fragen wie diese: Wer beschaffte eigentlich die erste hydraulisch betätigte Drehleiter der Firma XY, welche Feuerwehr stellte das erste Hilfeleistungs-Löschfahrzeug in Dienst, von wem stammt der erste Feuerwehrkranwagen, wer erhielt das erste Wechselladerfahrzeug und wer bestellte die erste Gelenkmastbühne?

Diese und viele andere Fragen versucht das vorliegende Werk zu beantworten, ohne dass eine vollständige Erfassung möglich wäre. Die „wichtigsten" Fahrzeuge sind nach Ansicht des Autors nicht nur die während der Produktionszeit eines bestimmten Fahrgestelltyps zwangsläufig in größeren Stückzahlen gefertigten Feuerwehrfahrzeuge, sondern ebenso die in verschiedener Hinsicht bemerkenswerten Einzelstücke. Der Leser möge verstehen, dass hier nur eine begrenzte Anzahl von „wichtigen" Fahrzeugen gezeigt werden kann. Mit Sicherheit gibt es weitere, die es verdient hätten, hier gezeigt zu werden, denn die Vielfalt der Typen und Modelle in 55 Jahren – von 1945 bis 2000 – ist außerordentlich groß.

Es bestätigt sich im Übrigen einmal mehr, dass bei den Innovationen nicht etwa die Berufsfeuerwehren führend sind, auch die Freiwilligen Feuerwehren haben viele neuartige und ausgefeilte Fahrzeugkonstruktionen eingeführt.

An die Adresse etwaiger Kritiker, die gelegentlich bemängeln, dass sie das eine oder andere Foto „schon woanders gesehen" haben: Das ist natürlich nicht gänzlich zu vermeiden, denn woher sollen bisher unbekannte Fotos aus den fünfziger und sechziger Jahren noch kommen? Die sehr guten Schwarz-Weiß-Fotos aus Firmenarchiven und Bildstellen einiger Berufsfeuerwehren sind mittlerweile auch fast alle für Veröffentlichungen, z. B. in Jubiläumsschriften, verwendet worden.

Gedacht ist dieses Buch für „Einsteiger", aber ich hoffe, dass auch Feuerwehrkenner ihre Freude daran haben werden. In diesem Sinne möge der Leser auf „Entdeckungsreise" gehen. Zur besseren Orientierung dient das Register am Schluss des Buches.

Manfred Gihl
Hamburg, im August 2004

Der Autor:

Dipl.-Ing. Manfred Gihl, Branddirektor i. R., Jahrgang 1935, Eintritt in die BF Hamburg 1963, seit 1995 im Ruhestand, Vorsitzender des Vereins „Hamburger Feuerwehr-Historiker e. V."

Bildnachweis

Berliner Feuerwehr:	023, 183
Feuerwehr Duisburg:	364
Feuerwehr Frankfurt:	164
Feuerwehr Ludwigshafen:	293, 357
Feuerwehr München:	126, 363
H. Brunswig:	045, 047, 113
A. Klingelhöller:	192, 207
D. Nase:	395
H. J. Nitschmann:	224
H.-P. Orth:	160, 226, 351
H.-J. Profeld:	158
J. Thorns:	036, 239
T. Waldmann:	373
Werkfoto Bachert:	114
Werkfoto Fiat:	341
Werkfoto Ford:	310
Werkfoto Magirus:	115, 166, 173, 174, 176, 177, 182, 185, 315-317, 344, 345, 358, 359
Werkfoto Metz:	048, 049, 050, 121, 125, 154, 212, 213, 216-222, 228, 230, 231, 233, 234, 240, 251, 313, 314, 346, 348-353, 407
Alle übrigen Bilder:	Verfasser

INHALT

Einführung **4**

Zur Führung der Einsatzkräfte:
Einsatzleitfahrzeuge und Kommandowagen **6**

Die Kleinsten: Tragkraftspritzenfahrzeuge
und Kleinlöschfahrzeuge **17**

Die Grundausstattung zur
Brandbekämpfung: Löschfahrzeuge **21**

Immer mehr gefragt:
Hilfeleistungs-Löschfahrzeuge **37**

Beliebt und unentbehrlich:
Tanklöschfahrzeuge **45**

Viel Wasser an Bord:
Großtanklöschfahrzeuge **59**

Faszinierende Drehleitern
Drehleitern von Magirus **64**
Drehleitern von Metz **76**
Andere Drehleiter-Anbieter:
Camiva, Riffaud und FGL **91**

Lange unterschätzt:
Gelenkmast- und Teleskopmastbühnen **94**

Gerätewagen für alle Fälle **103**

Für technische Hilfeleistungen:
Rüstwagen **109**

Vom Rüstkranwagen zum
Feuerwehrkranwagen **119**

Die Spezialisten:
Wechselladerfahrzeuge **129**

Die Fahrzeuge der DDR **133**

Register **142**

ABKÜRZUNGEN

AB	Abrollbehälter
BF	Berufsfeuerwehr
DL	Drehleiter
DLK	Drehleiter mit Korb
ELW	Einsatzleitwagen
FF	Freiwillige Feuerwehr
FP	Feuerlöschpumpe
FwK	Feuerwehrkranwagen
GMB	Gelenkmastbühne
GTLF	Groß-Tanklöschfahrzeug
GW	Gerätewagen
HLF	Hilfeleistungs-Löschfahrzeug
KLF	Kleinlöschfahrzeug
KW	Kranwagen
LB	Leiterbühne
LF	Löschgruppenfahrzeug
LHF	Lösch-Hilfeleistungsfahrzeug (nur Berlin)
MTW	Mannschaftstransportwagen
MZF	Mehrzweckfahrzeug
RKW	Rüstkranwagen
RW	Rüstwagen
St	Staffelkabine
SW	Schlauchwagen
TLF	Tanklöschfahrzeug
TMB	Teleskopmastbühne
Tr	Truppkabine
TroLF	Trockenlöschfahrzeug
TroTLF	Trocken-Tanklöschfahrzeug
TS	Tragkraftspritze
TSA	Tragkraftspritzenanhänger
TSF	Tragkraftspritzenfahrzeug
TSF-W	Tragkraftspritzenfahrzeug-Wasser
VGW	Voraus-Gerätewagen
VRW	Voraus-Rüstwagen
WLF	Wechselladerfahrzeug
WF	Werkfeuerwehr
ZB	Zubringerfahrzeug
ZLF	Zumischer-Löschfahrzeug

Zur Führung der Einsatzkräfte:

Einsatzleitfahrzeuge sind Feuerwehrfahrzeuge, die dem Einsatzleiter bzw. der Einsatzleitung zur taktischen Führung von Feuerwehreinheiten dienen. Einsatzleitfahrzeuge sind mit entsprechenden Fernmeldeeinrichtungen ausgestattet. Führungsfahrzeuge gab es bei den Feuerwehren schon immer, wenn auch unter verschiedenen Bezeichnungen. Sie hießen z.B. Vorfahrwagen, Funkdienstwagen oder schlicht Pkw. In den ersten Nachkriegsjahren waren vom einfachen VW Käfer (Hamburg!) bis zum BMW (München!) fast alle damals marktüblichen Pkw-Modelle vertreten. Ihre technischen Ausstattungen variierten örtlich sehr stark. Das änderte sich erst nach der Herausgabe der ersten Normblätter des Fachnormenausschuss Feuerlöschwesen (FNFW) im Jahre 1981. Der Mangel an zweckmäßigen Führungsfahrzeugen mit einheitlichen Mindestausstattungen war insbesondere bei den Waldbränden in Niedersachsen 1975 offenkundig geworden, als Einheiten aus mehreren Bundesländern gemeinsam eingesetzt waren. Der FNFW normte in der DIN 14507 „Einsatzleitwagen" (ELW) drei Typen: ELW 1 (Oktober 1981), ELW 2 (September 1984) und ELW 3 (Oktober 1981), die sich durch Größe und fernmeldetechnische Ausstattung und Ausrüstung unterscheiden.

Aufgrund der Normen kamen als Basis für den ELW 1 viertürige Pkw, Kombi-Limousinen, Kleinbusse und sogenannte Geländewagen in Betracht, für den ELW 2 Kastenwagen und Kleinbusse, für den ELW 3 Lkw-Fahrgestelle mit entsprechenden Aufbauten, Omnibusse und Abrollbehälter.

Die erste Neubearbeitung dieser Normblätter war erst 18 Jahre später abgeschlossen. In dieser Zeit hatte sich die Fernmeldetechnik enorm weiterentwickelt (Funk, Telefax, Mobiltelefonie, Verkehrsführungssysteme, Datenbänke u.a.), der bei der Ausstattung und Ausrüstung der ELW Rechnung getragen werden musste. Im Juli 1999 erschienen die Folgeausgaben von ELW 1 und ELW 2. Der große ELW 3 entfiel, neu war der „Kommandowagen (KdoW)". Er dient der Einsatzleitung zur Anfahrt sowie zur Erkundung von Einsatzstellen. Damit sind nunmehr auch Pkw-Modelle wie der Smart und die Mercedes-A-Klasse normmäßig einbezogen.

Einsatzleitwagen ELW 1

(001) **Vorläufer der genormten Einsatzleitwagen (ELW) der BF München waren ihre „Funkdienstwagen", mit denen der Inspektionsdienst in den sechziger Jahren ausrückte: Limousinen vom Typ BMW 501, deren Sechszylindermotoren eine Leistung von 72 PS besaßen**

(002) **Der legendäre (und preiswerte) VW Käfer diente vor allem in den ersten Nachkriegsjahren bei vielen Feuerwehren als Führungsfahrzeug. Hier der VW Typ 1200 (dessen Motorleistung nur 34 PS betrug) der BF Karlsruhe. Baujahr: 1976**

EINSATZLEITFAHRZEUGE UND KOMMANDOWAGEN

Links: (003) Der Geländewagen von Mercedes-Benz, der 1979 neu auf den Markt kam, wird seitdem häufig als ELW 1 eingesetzt. Diesen ELW 1 auf Mercedes-Benz 300 GD erhielt die BF Frankfurt 1984. Der Fünfzylinder-Dieselmotor hatte eine Leistung von 65 kW (88 PS)
Rechts: (004) Dieser ELW 1 der BF Düsseldorf wurde auf dem Mercedes-Benz 230 G, Baujahr 1985, eingerichtet. Der Vierzylinder-Benzinmotor leistete 53 kW (72 PS)

Rechts: (005) Seit VW das Modell „Passat" produziert, wird es sowohl als Limousine als auch Kombi als Einsatzleitwagen genutzt. Hier der ELW 1 der FF Rödermark, ein Passat CL mit 90-PS-Benzinmotor. Baujahr: 1989

Unten: (006) Als preiswerter Transporter kam der VW Typ 2 häufig als ELW 1 zur Verwendung. Hier der ELW 1 der BF Leverkusen auf VW Typ 253, Baujahr 1989. Die Motorleistung betrug 70 kW, das zulässige Gesamtgewicht 2390 kg

Links: (007) Beliebt bei den Feuerwehren sind, nicht zuletzt wegen ihrer relativ geringen Anschaffungskosten, japanische Geländewagen. Dieser ELW 1 der BF Kassel basiert auf dem viertürigen Nissan Patrol, Baujahr 1991. Sein Vierzylinder-Dieselmotor hatte eine Leistung von 85 kW. Rechts: (008) Der ELW 1 der FF Hude basiert auf dem zweitürigen Nissan Patrol, Baujahr: 1991. Sein Dieselmotor leistet ebenfalls 85 kW

(009) Der ELW 1 der BF Bochum ist ein Geländewagen Opel Frontera, dessen Grundausführung auf dem japanischen Modell Isuzu beruht und auch in Japan produziert wird. Die Leistung seines Dieselmotors beträgt 74 kW. Baujahr: 1992

(010) ELW 1 der BF Solingen auf der Basis des Geländewagens Mitsubishi Pajero 3000. Der V6-Benzinmotor leistet 110 kW. Baujahr: 1993

(011) **Der ELW 1 der FF Glinde ist ein Nissan Terrano, dessen 2,7-Liter-Turbo-Dieselmotor 74 kW leistet. Baujahr: 1995**

(012) **Die FF Petersberg besitzt seit 1995 einen ELW 1 auf der Basis des Fiat Ducato 25 TDI. Der Dieselmotor hat eine Leistung von 85 kW. Die Beschriftung erfolgte mit grüner Folie**

(013) **Einen ELW 1 auf der Basis des Chrysler Voyager mit Allradantrieb besitzt die BF Herne. Der 3,8-Liter-Benzinmotor leistet 122 kW. Die Vorliebe der Herner Feuerwehr für die Farbe Gelb bei ihren Einsatzfahrzeugen zeigte sich erstmals 1997 mit der Lackierung der Motorhaube, der Türen und des Daches in leuchtendem Gelb**

(014) **Die BF Düsseldorf nahm 1998 diesen ELW 1 in Dienst. Baumeister & Trabandt richtete ihn im VW T 4 syncro ein. Dessen Dieselmotor hat eine Leistung von 75 kW**

(015) **Die FF Büsum besitzt seit dem Jahr 2000 einen der ersten Ford Transit der neuen Generation, die zur Nutzung als ELW 1 eingerichtet wurden. Den Innenausbau besorgte die Firma Pütting in Rees. Der Dieselmotor hat eine Leistung von 88 kW**

Einsatzleitwagen ELW 2

(016) Die BF Mannheim ließ sich 1979 von der Firma Berger diesen ELW 2 bauen. Als Fahrgestell kam ein Mercedes-Benz 1017 zur Verwendung

(017) Die BF Bremen richtete 1989 ihren ELW 2 in diesem Mercedes-Benz-Kastenwagen mit langem Radstand, Typ 508 D, im eigener Werkstatt ein

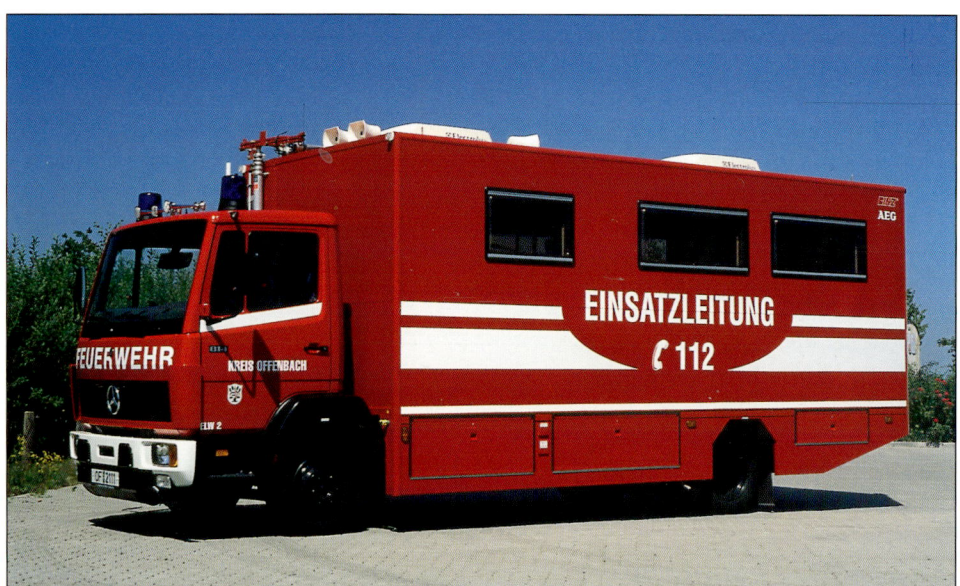

(018) **Der ELW 2 des Landkreises Offenbach** ist bei der FF Rödermark stationiert. Fahrgestell: Mercedes-Benz 814 F, Aufbau: Binz/Ilmenau. Baujahr: 1996

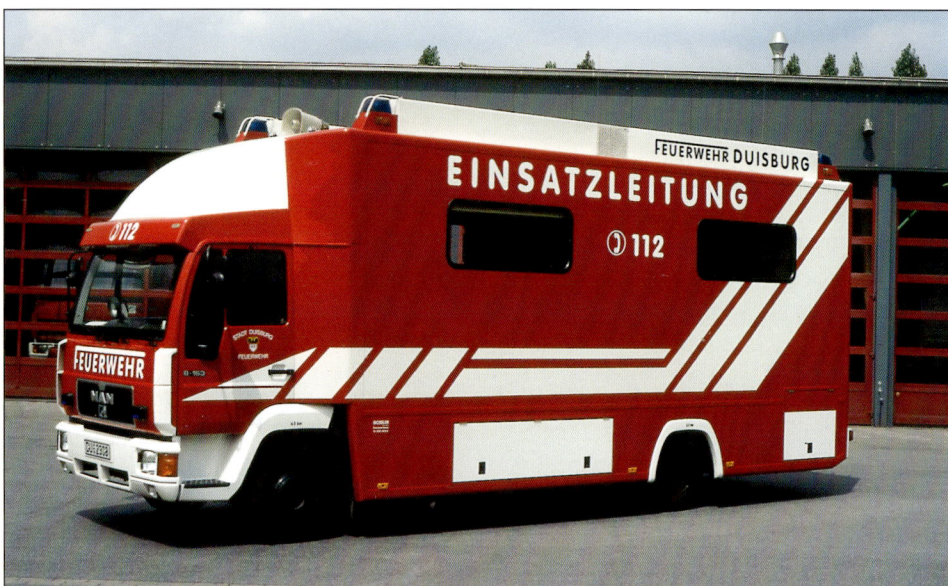

(019) **Der ELW 2 der BF Duisburg** nutzt das Fahrgestell MAN 8.163 LC. Die Karosserie fertigte die Firma Gossler/Oberhausen. Baujahr: 1997

(020) **ELW 2 der BF Hannover.** Mercedes-Benz Atego 917 F mit Karosserie von Binz/Ilmenau. Die Farbgebung mit dem gewürfelten umlaufenden Band ist sehr auffällig. Baujahr: 2000

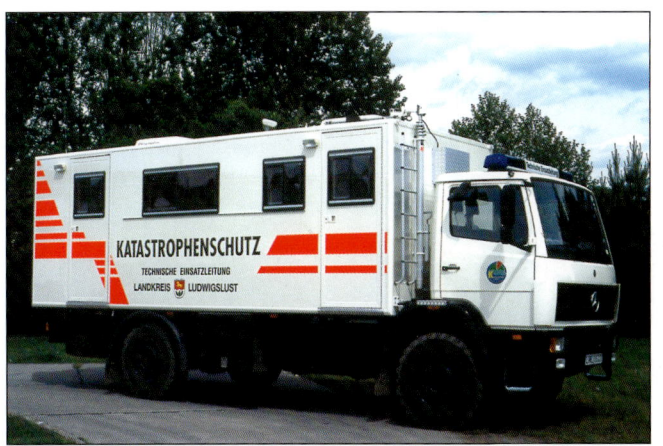 

Links: (021) In Mecklenburg-Vorpommern wurden inzwischen alle Landkreise im Rahmen des Landeskatastrophenschutzes mit Einsatzleitwagen ELW-TEL in der Größe des ELW 2 ausgestattet. Der ELW 2 des Landkreises Ludwigslust ist von Binz/Ilmenau auf dem Mercedes-Benz 917 AF aufgebaut worden. Baujahr: 1997. Bemerkenswert ist die Lackierung in Weiß
Rechts: (022) Ein nach der Baurichtlinie von Schleswig-Holstein von Ziegler gebauter „Führungskraftwagen Gemeinsame Einsatzführung Ort" (FÜKW GEO) auf der Basis des VW LT 46 TDI mit Ausbau von Ziegler. Er ist bei der FF Lensahn stationiert. Baujahr: 1998

Einsatzleitwagen ELW 3

ELW 3 waren und sind auch heute sehr selten. Sie sind fast nur bei großen Berufsfeuerwehren anzutreffen. Meist sind sie auf der Basis von Stadtlinien- oder Überlandbussen aufgebaut (z.B. BF Berlin, BF Kassel, BF Stuttgart, BF Nürnberg, BF Hamburg), neuerdings auch als Sattelschlepper mit Aufliegern ausgeführt, nämlich seit 1999 bei der BF Köln, seit 2002 bei der BF München und ebenfalls seit 2002 bei der WF Merck im Werk Darmstadt.

Die erste Berufsfeuerwehr, die einen ELW 3 auf der Basis eines Omnibusses realisierte, war 1967 die BF Berlin. Für den zunächst „Kommandowagen" genannten ELW wählte sie einen MAN-Bus 535 HO Ü9. 1972 kam Ersatz in Form eines Stadtlinienbusses von Mercedes-Benz, Typ O 302. Ihn ersetzte 1985 ein Auwärter Neoplan NÜ 80. In vierter Generation ist seit 2001 ein Auwärter Neoplan „Euroliner" 314 Ü im Dienst. Die BF Hamburg betrieb von 1977 bis 2000 einen Standardlinienbus Mercedes-Benz O 305 als ELW 3 (intern: Befehlswagen). Ihn ersetzte 2000 ein Überlandbus MAN ÜL 313. Andere Feuerwehren griffen häufig auf günstig erworbene gebrauchte Omnibusse zurück, beispielsweise Nürnberg, Kassel, Stuttgart und der Landkreis Düren.

Als erste deutsche Feuerwehr entschied sich die BF Köln 1999 für einen ELW 3 auf der Basis eines Sattelschleppers mit luftgefederter Tandem-Hinterachse und Zwangslenkung. Das große Raumangebot des Aufliegers, bei dem zusätzlich auf der rechten Seite ein Teil des Aufbaus hydraulisch ausfahrbar ist, ist mit dem Bus-Konzept nicht zu erreichen. Als Zugmaschine wurde der Mercedes-Benz Actros 1831 gewählt.

Einzelne Bundesländer haben zusätzliche Bestimmungen erlassen, so z.B. Schleswig-Holstein mit dem „Führungskraftwagen gemeinsame Einsatzführung Ort" (FÜKW GEO) und Sachsen-Anhalt 1996 mit dem „Einsatzleitwagen Sachsen-Anhalt" (ELSA) für die Landkreise.

Links: (023) Die erste Berufsfeuerwehr, die einen Einsatzleitwagen in der Größe des 1981 genormten ELW 3 auf der Basis eines Omnibusses in Betrieb nahm, war 1967 die BF Berlin. Er hieß zunächst „Kommandowagen" und war von der Firma Wollny Fahrzeugbau in einem MAN-Bus vom Typ 535 HO Ü9 eingerichtet
Rechts: (024) Der zweite Kommandowagen der Berliner Feuerwehr war ein Mercedes-Benz O 302, der 1972 in Dienst gestellt wurde

(025) Die BF Kassel hatte von 1979 bis 1998 einen ELW 3 im Einsatzdienst. Dieser ELW 3 war in einem Magirus-Omnibus, Typ L 100, von der Kasseler Firma Schölch GmbH eingerichtet

(026) Die BF Hamburg nahm erstmals 1977 einen ELW 3 (Hamburger Bezeichnung: Befehlswagen) auf der Basis des Standardlinienbus Mercedes-Benz O 305 in Betrieb. Den Innenraum, dessen Ausbau das Hamburger Karosseriewerk Herrmann vornahm, war in einen Besprechungs- und einen Fernmelderaum unterteilt. Die fernmeldetechnischen Einrichtungen wurden während der 23-jährigen Dienstzeit ständig dem technischen Stand angepasst, sodass der Befehlswagen bis zum Jahr 2000 im Einsatz und danach noch einige Zeit in Reserve blieb

(027) Den Hamburger Befehlswagen von 1977 ersetzte im Dezember 2000 ein Überlandbus vom Typ MAN ÜL 313. Die Rohkarosse wurde von der Firma Göppel in Augsburg umgebaut (u. a. Verlegung des Mitteleinstiegs nach hinten), der Innenausbau erfolgte durch die Firma Baumeister & Trabandt in Korschenbroich. Der vollklimatisierte Innenraum unterteilt sich in den Kommunikationsraum mit fünf Arbeitsplätzen, den Führungsraum mit zwölf Sitzplätzen und den Unterstützungsbereich mit einem Arbeitsplatz. Die Installation der Kommunikationstechnik (u. a. Satellitentelefon, GSM-Telefone, Satelliten-Fernsehanlage und elektronische Lagedarstellungsanlage) übernahm die Firma SEL Verteidigungssysteme. Das ungewöhnliche Design (leuchtrote Lackierung mit diversen gelben „112"-Emblemen auf der Außenhaut) fällt im Straßenverkehr sehr auf

Oben: (028) Einen ELW 3 ließ sich die BF Wiesbaden 1993 von Krämer auf dem seltenen Fahrgestell Mercedes-Benz 1722 L (Luftfederung) aufbauen. Die Motorleistung beträgt 160 kW, das zulässige Gesamtgewicht 18 000 kg

(029) Mitte: Die WF BASF, Ludwigshafen, besitzt seit 1998 einen ELW 3, der von der Firma Krämer auf dem Fahrgestell MAN 18.264 LLLC gebaut wurde. Der Radstand des luftgefederten Fahrgestells wurde auf 6,87 m verlängert. Die Motorleistung beträgt 191 kW, das zulässige Gesamtgewicht 18 000 kg

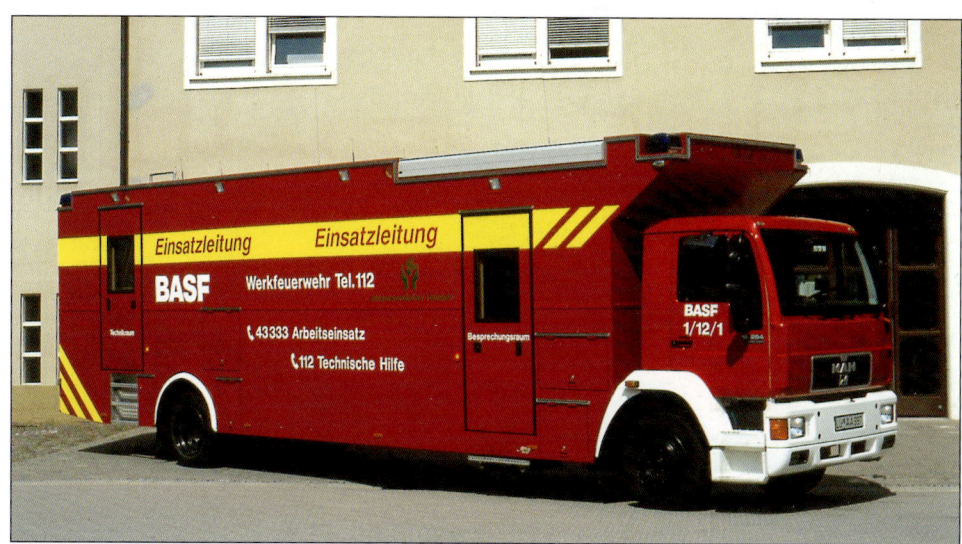

Unten: (030) Erstmals ging 1999 bei einer deutschen Feuerwehr ein ELW 3 in Sattelschlepper-Bauart in Dienst. Die BF Köln beschaffte eine Zugmaschine Typ Mercedes-Benz Actros 1831 und einen zweiachsigen Auflieger mit luftgefederter Tandem-Hinterachse mit Zwangslenkung. Den Aufbau erstellte die Hamburger Firma ATT, den Innenausbau nahm die Firma Binz/Ilmenau vor. Der Teil des Aufbaus, in dem der Stabsraum untergebracht ist, lässt sich auf der rechten Seite auf eine Gesamtbreite von 4,50 m hydraulisch ausfahren. Der Innenraum nimmt außer dem Stabsraum den Funkraum und die Toilette auf. Die Gesamtlänge des ELW beträgt 15,9 m

Kommandowagen

(031) Pkw aus Südkorea bei deutschen Feuerwehren sind (noch) eine Rarität. Den ersten Kia Sportage als Kommandowagen (KdoW) nahm die BF Osnabrück 1997 in Dienst. Der Benzinmotor leistet 94 kW

(032) Einen A 160 nutzte die WF DaimlerChrysler im Werk Rastatt, wo die A-Klasse von Mercedes-Benz produziert wird, als Kommandowagen (KdoW). Der Benzinmotor des A 160 Avantgarde, Baujahr 1998, leistet 75 kW. 2002 übernahm die FF Baden-Baden diesen KdoW

(033) Kommandowagen (KdoW) der BF Kiel: ein Toyota Landcruiser. Sein Vierzylinder-Dieselmotor hat eine Leistung von 92 kW. Baujahr: 2000

Die Kleinsten: **TRAGKRAFTSPRITZEN- UND KLEINLÖSCHFAHRZEUGE**

Das Tragkraftspritzenfahrzeug (TSF) ist das kleinste in der Reihe der genormten Löschfahrzeuge. Als preiswerteste Motorisierungsart für die zahlreichen kleinen Ortsfeuerwehren stellt es zahlenmäßig die zweitgrößte Gruppe innerhalb der Gruppe der Löschfahrzeuge dar. Tragkraftspritzenfahrzeuge dienen mit ihrer feuerwehrtechnischen Beladung, zu der eine Tragkraftspritze TS 8/8 gehört, der Brandbekämpfung.

Tragkraftspritzenfahrzeuge waren erstmals 1969 genormt, und zwar unter DIN 14530 Blatt 16 als TSF mit Staffelbesatzung (1/5 Mann) und unter DIN 14530 Blatt 15 als TSF (T) mit Truppbesatzung (1/2 Mann). Seitdem erschienen vier Folgeausgaben der Norm, in denen vor allem die feuerwehrtechnische Beladung schrittweise ergänzt wurde (z. B. Pressluftatmer, Hitzeschutzkleidung, Schaumlöschgerät, Motorsäge, vierteilige Steckleiter). Die Norm für das inzwischen nicht mehr zeitgemäße TSF (T) wurde im März 1976 ersatzlos gestrichen.

Als Basis für TSF dienen serienmäßige Kastenwagen mit Straßenantrieb. In der ersten Nachkriegszeit wurden hauptsächlich Modelle der Firmen Ford, VW und ab Ende der siebziger Jahre Mercedes-Benz, vereinzelt aber auch Auto-Union (DKW) und Hanomag verwendet. 1988 kamen Iveco Daily und 1995 Fiat Ducato hinzu. In bayerischen Gebirgsgegenden findet man die geländegängigen „Pinzgauer" des österreichischen Herstellers Steyr-Puch.

Den Ausbau zum TSF besorgten anfangs vor allem die Firmen Arve (Springe), Bachert (Bad Friedrichshall), Balcke (Frankenthal), Barth (Fellbach), Ludwig (Bayreuth), Magirus (Ulm), Metz (Karlsruhe), Meyer-Hagen (Hagen), Schlingmann (Dissen) und Ziegler (Giengen/Brenz). Von diesen sind nur noch Ludwig und die vier zuletzt Genannten übriggeblieben, neue Anbieter wie Abrex (Charlottenthal), BTG Brandschutztechnik Görlitz, Fahrzeugbau Holzminden, GFT, Meisner (Rendsburg), Schmitz (Siegen) und H & E (Karlsruhe) kamen nach und nach hinzu.

Aus Sicherheitsgründen boten alle Aufbauhersteller ab zirka 1994 ihre TSF mit Doppelkabine („Doka") und mit separatem Koffer oder serienmäßigem Kasten an. Die unfallträchtige Unterbringung eines Teils der Mannschaft im Geräteraum fand damit ein Ende. Diese Bauart ist seit der Folgeausgabe der Norm vom Januar 1997 bindende Vorschrift.

Das Tragkraftspritzenfahrzeug erfuhr Ende der 1988er-Jahre eine weitere Aufwertung. Ein fest eingebauter Löschwassertank mit einer daran angeschlossenen Tragkraftspritze TS 8/8 erhöhte den Einsatzwert dieses kleinsten Löschfahrzeugs erheblich. Das zulässige Gesamtgewicht stieg dadurch auf 5500 Kilogramm. 1990 wurden TSF mit 500-Liter-Wassertank schon auf fünf verschiedenen Fahrgestellen angeboten: Iveco-Magirus 49-10 D, Mercedes-Benz 510, 609 D, VW LT 45 TD und VW LT 50 TD. Im August 1991 erschien dazu die DIN 14530 Teil 17 „Tragkraftspritzenfahrzeug TSF-W" (W = Wasser). Sie sind nur mit Doppelkabine und Kofferaufbau zulässig. Somit besitzt nun auch das kleinste genormte Löschfahrzeug einen Löschwasserbehälter.

Es hat derzeit den Anschein, dass die TSF-W immer größer und schwerer werden und sich damit dem genormten Löschgruppenfahrzeug LF 10/6 annähern. Denn neuerdings sind TSF-W auch auf MAN-Fahrgestellen (mit zulässigem Gesamtgewicht bis zu 8400 Kilogramm, Löschwassertank 1000 Liter) und Mercedes-Benz Atego 815 F (zulässiges Gesamtgewicht 7490 Kilogramm, Löschwassertank 750 Liter) gebaut worden.

(034) **Der VW Transporter (Typ 2) war neben dem DKW Schnell-Laster in der Nachkriegszeit zunächst der einzige Kastenwagen, der für Tragkraftspritzenfahrzeuge (TSF) in Frage kam. Hier das TSF der FF Schenefeld, Baujahr 1958. Zu dieser Zeit lieferte das Volkswagenwerk noch TSF mit eigenem Ausbau. Dieses TSF befindet sich noch heute nach hervorragender Restaurierung bei dieser Feuerwehr**

17

(035) **Ab 1953 stand den Feuerwehren zusätzlich der Kastenwagen Ford Taunus Transit für Tragkraftspritzenfahrzeuge zur Verfügung. Hier das TSF der FF Klecken auf Ford Taunus Transit 1250 mit Ausbau von Ziegler, Baujahr 1964. Der Vierzylinder-Benzinmotor hatte eine Leistung von 55 PS**

(036) **Der neue Ford Transit, der 1965 auf den Markt kam, wurde ebenfalls häufig für Tragkraftspritzenfahrzeuge verwendet. Das TSF der FF Messkirch mit Ziegler-Ausbau wurde 1968 in Dienst gestellt. Der Vierzylinder-Benzinmotor leistete 65 PS**

(037) **Das Tragkraftspritzenfahrzeug der FF Lübeck-Genin wurde 1981 von Metz auf dem VW LT 31 aufgebaut**

(038) Das Tragkraftspritzenfahrzeug bekam 1991 einen „großen Bruder", als das Tragkraftspritzenfahrzeug TSF-W mit einem Löschwasserbehälter mit 500 Litern Inhalt genormt wurde. Das Angebot an geeigneten Kastenwagen bzw. Fahrgestellen wurde breiter. Im Bild das TSF-W der FF Salzgitter-Reppner aus dem Jahr 1991 auf der Basis des VW LT 45 D mit Ausstattung von GFT

(039) Magirus kann heute auf verschiedene Fahrgestelle des Fiat-Konzerns zurückgreifen. Das TSF der FF Wendewisch wurde von Magirus auf dem Fiat Ducato 2,5 D eingerichtet und 1996 in Dienst gestellt

(040) **Das TSF-W der FF Laßrönne wurde 1996 von Magirus auf dem Iveco Fiat 49-10 mit einem AluFire-Aufbau versehen. Indienststellung war ebenfalls 1996**

Ein dem genormten TSF sehr ähnliches Fahrzeug schuf das Land Thüringen 1994 mit der Technischen Richtlinie „Kleinlöschfahrzeug KLF-Th". Es war hauptsächlich zum Ersatz der damals noch in großer Stückzahl bei den Ortsfeuerwehren vorhandenen Kleinlöschfahrzeuge auf der Basis des Barkas B 1000 vorgesehen. Wie für das TSF dürfen nur serienmäßige Fahrgestelle mit Straßenantrieb und Doppelkabine verwendet werden. Den Prototyp erhielt 1994 die FF Leinefelde.

Das Land Hessen gab 2002 eine eigene Baurichtlinie für Kleinlöschfahrzeuge heraus. Das erste „Hessen-KLF" erhielt 2002 die FF Fulda. Auch im Land Rheinland-Pfalz besteht seit 2002 eine Baurichtlinie für Kleinlöschfahrzeuge.

2004 hat der FNFW eine Norm für das „Kleinlöschfahrzeug (KLF)" unter DIN 14530-24 herausgegeben. Danach ist das KLF vor allem als Ersatz für einen Tragkraftspritzenanhänger (TSA) und ggf. für ein Tragkraftspritzenfahrzeug vorgesehen. Es basiert auf einem Doppelkabinen-Fahrgestell, besitzt einen Löschwassertank von 400 Litern Inhalt und führt eine Tragkraftspritze TS FPN 6-500 (früher: TS 6/6) mit. Die Besatzung ist eine Staffel (1/5 Mann). Damit das KLF noch mit dem Führerschein der Klasse B gefahren werden kann, beträgt das zulässige Gesamtgewicht 3500 Kilogramm.

(041) **Ein Kleinlöschfahrzeug nach der Technischen Richtlinie „Kleinlöschfahrzeug KLF-Th" des Landes Thüringen von 1994. Der neue Typ war vor allem zum Ersatz der damals in großen Stückzahlen vorhandenen Kleinlöschfahrzeuge auf der Basis des Barkas B 1000 geschaffen worden. Die FF Erfurt-Alach besitzt seit 1996 dieses KLF auf der Basis des Mercedes-Benz Sprinter 314 mit einem Aufbau der Firma Brandschutztechnik Müller in Günthersleben**

Die Grundausstattung zur Brandbekämpfung: LÖSCHFAHRZEUGE

Löschgruppenfahrzeuge dienen zur Brandbekämpfung, zum Fördern von Wasser und zur Durchführung technischer Hilfeleistungen. Man unterscheidet zurzeit (2004) drei Typen: LF 10/6, LF 16/12 und LF 16-TS. Sie haben sämtlich eine Besatzung von 1/8 Einsatzkräfte (Löschgruppe). Bei der Typbezeichnung gibt die erste Zahl, mit 100 multipliziert, den Nennförderstrom der eingebauten (Heck-)pumpe in l/min wieder, die zweite Zahl, mit 100 multipliziert, die nutzbare Mindestwassermenge in Litern an.

Löschgruppenfahrzeuge LF 10/6

Das LF 10/6 ist das kleinste der genormten Löschgruppenfahrzeuge. Es ist (einschließlich seiner Vorgänger, dem LF 8 und LF 8/6) von allen genormten Löschgruppenfahrzeugen das am Weitesten verbreitete.

Das LF 8 geht letztlich auf das bereits während des Zweiten Weltkriegs geschaffene LF 8 (damals noch ohne fest eingebaute Feuerlöschpumpe!) zurück, das nach dem Krieg bis 1955 noch so benannt war. Die „Baurichtlinien" des Fachnormenausschuss Feuerlöschwesen (FNFW) von 1955 sahen zwei Varianten vor: das LF 8-TSA (mit Tragkraftspritzen-Anhänger) und das LF 8-TS (mit eingeschobener Tragkraftspritze). Im November 1969 wurde das LF 8 in DIN 14530, Blatt 6, erstmals genormt. Im Laufe seines Bestehens kamen vier Folgeausgaben dieser Norm heraus. Infolge wahlweiser Antriebsart (Straße oder Allrad), verschiedener Beladepläne und Fahrgestelle entstanden zahlreiche Varianten mit verschiedenen zulässigen Gesamtgewichten, die bei Straßenantrieb von 5000, 6000 und bis 7500 Kilogramm (LF 8 „leicht", „mittel" und „schwer") reichten und bei Allradantrieb sogar bis zu 9000 Kilogramm betrugen.

Das erste genormte LF 8 von 1969 gab es in den Ausführungen mit „Seitenbeladung" und „Heckbeladung" (1972 ersatzlos gestrichen!). Trotz zweier Pumpen (Frontpumpe FP 8/8 und Tragkraftspritze TS 8/8) besaß es keinen eingebauten Löschwasserbehälter! Der wurde erst mit der Neuausgabe der Norm „Löschgruppenfahrzeug LF 8/6" vom August 1991 Vorschrift. Der mitgeführte Löschwasservorrat beträgt 600 Liter.

Nach dem Zweiten Weltkrieg lieferten als erste die Lkw-Hersteller Borgward, Ford, Hanomag und Opel geeignete Fahrgestelle für das LF 8. Die Aufbauten stammten außer von den bekannten Firmen Gebr. Bachert (Bad Friedrichshall), Magirus (Ulm), Metz (Karlsruhe), Schlingmann (Dissen) und Ziegler (Giengen/Brenz), die – bis auf Schlingmann – über eine eigene Pumpenproduktion verfügten, von mittelständischen Firmen mit überwiegend regionaler Bedeutung, zum Beispiel von Arve (Springe), Bierstedt (Thedinghausen), Buschmann (Hoja), Graaff (Elze), Harmening (Bückeburg), Heines (Haan-Gruiten), Hering (Balve), Hoenig (Köln), Ludwig (Bayreuth), Meyer-Hagen (Hagen), Meyer (Hohenlimburg) und Miesen (Bonn). Meisner Feuerschutz (Rendsburg) lieferte von 1970 bis 1990 zahlreiche LF 8, vornehmlich an Feuerwehren in Schleswig-Holstein. Die Pumpen bezogen diese Hersteller von Amag-Hilpert, Bachert, Magirus, Metz, Rosenbauer oder Ziegler.

Mercedes-Benz konnte 1955 mit dem Kastenwagen L 319 B erstmals ein geeignetes Basisfahrzeug zur Verfügung stellen. Magirus bot ab 1965 das LF 8 auf eigenem (Frontlenker-)Fahrgestell an. Nach der 1979 beschlossenen Kooperation von MAN und VW auf dem Sektor der leichten Lkw-Klasse konnten die Feuerwehren ab 1982 aus der so genannten Gemeinschaftsbaureihe VW-MAN-Fahrgestelle zum Bau von LF 8 beziehen.

Im Saarland, das bis 1957 wirtschaftlich Frankreich angeschlossen war, wurden teilweise Citroen- und Hotchkiss-Chassis verwendet und vorzugsweise saarländische Aufbauhersteller wie Fassmann (Völklingen), Gebr. Jacob (Saarbrücken), Jacob & Söhne (Neunkirchen/Saar), Mader (Neunkirchen/Saar) und Schreiner (Saarbrücken) beauftragt.

Das im Dezember 2002 genormte LF 10/6 besitzt eine Feuerlöschpumpe FPN 10/1000 (neue Bezeichnung nach Europa-Norm EN 1028, früher: FP 8/8) und einen Löschwassertank von mindestens 600 Litern Inhalt. Das zulässige Gesamtgewicht beträgt bei Straßenantrieb 7500 Kilogramm, bei Allradantrieb 10500 Kilogramm). Die Fahrgestelle stammen heute hauptsächlich von Iveco, MAN und Mercedes-Benz.

Löschgruppenfahrzeuge LF 16/12

Das LF 16/12 geht auf das bereits während des Zweiten Weltkriegs geschaffene LF 15 zurück, das nach dem Krieg bis 1955 noch so benannt war, bis die „Baurichtlinien" des Fachnormenausschusses Feuerlöschwesen (FNFW) die Typbezeichnung LF 16 einführten.

Neben dem LF 10/6 ist das LF 16/12 das wichtigste Löschgruppenfahrzeug. Das LF 16 wurde im September 1971 erstmals genormt (DIN 14530, Blatt 9) und seitdem in fünf Folgeausgaben dem jeweiligen feuerwehrtechnischen Stand angepasst. Seit der Ausgabe vom August 1991 lautet die Bezeichnung LF 16/12. Der Löschwassertank muss mindestens 1200 Liter fassen. Üblich sind 1600 Liter geworden (sogar bis zu 2000 Liter sind bekannt). Das zulässige Gesamtgewicht beträgt 12 000 Kilogramm. Antriebsart: wahlweise Straßen- oder Allradantrieb.

Das bisher genormte LF 16/12 wurde 2004 durch das LF 20/16 ersetzt und erhielt eine „Schwester" in Form des Hilfeleistungslöschfahrzeugs HLF 20/16 mit erweiterter Beladung und Ausrüstung (DIN 14530-11)

Nach 1945 kamen als Fahrgestell-Zulieferer hauptsächlich Magirus, MAN und Mercedes-Benz in Frage. MAN-Hochburg war naturgemäß die BF Nürnberg, aber auch die Berliner Feuerwehr setzte früh auf MAN. Henschel- und Krupp-Chassis waren hingegen seltener und hauptsächlich auf die BF Kassel bzw. auf die BF Essen beschränkt.

Anfangs standen bei allen Lkw-Herstellern ausschließlich Haubenfahrgestelle zur Verfügung. Mit ihren 1951 eingeführten formschönen „Rundhaubern", heute geradezu Klassiker, erfreute sich Magirus bei den Feuerwehren großer Beliebtheit. Aber schon ab 1954 ergänzten die „Eckhauber" („Die deutschen Bullen") das Lkw-Angebot des Ulmer Herstellers. Gleichwohl blieben die Rundhauber noch bis 1967 in der Produktion. Die Frontlenker-Generation von Magirus-Deutz begann 1957, kam aber in der Feuerwehr erst mit der zweiten Generation von 1963 richtig in Schwung.

Aus dem Hause Daimler-Benz stammten die ersten deutschen Frontlenker, die 1954 unter der Werksbezeichnung „Pullman" auf den Markt kamen. Die Feuerwehr Hamburg stellte als erste ab 1958 ihren gesamten Fahrzeugpark konsequent auf Pullman-Fahrzeuge um. Anfang der sechziger Jahre lief jedoch die Produktion aus und wurde durch den „Kurzhauber" abgelöst, der zu einem großen Verkaufserfolg wurde. Nur kurze Zeit produzierte Daimler-Benz einen „kantigen" Frontlenker, die so genannte LP-Baureihe, die allerdings bei den Feuerwehren weniger verbreitet war. Die Einführung der Frontlenker-Generation bei Mercedes erfolgte schrittweise mit der mittleren und leichten Klasse, in der für das LF 16 (und TLF 16 sowie DL 30) in Frage kommenden Gewichtsklasse begann sie 1973 als „Neue Generation" (NG).

Als Aufbauhersteller traten nach dem Krieg überwiegend Bachert, Magirus, Metz, Schlingmann und Ziegler auf, daneben u.a. Arve, Hei-

21

1950 bis 1960

(042) **In den fünfziger Jahren wurde das Löschgruppenfahrzeug LF 8 von allen einschlägigen Herstellern auf diversen Fahrgestellen angeboten. Da Magirus zunächst über keine eigenen Fahrgestelle verfügte, wurden Fremdfahrgestelle wie Faun, Ford und Opel verwendet. Für die FF Sigmaringendorf baute Magirus 1954 dieses LF 8 auf dem Fahrgestell Ford FK 3500 auf**

nes und Meyer-Hagen. Der Übergang von der Gemischtbauweise (tragendes Holzgerippe mit Stahlblechbeplankung) auf Ganzstahlbauweise erfolgte schrittweise ab 1951. Die Firma Gebr. Bachert war hier der Schrittmacher.

In den neunziger Jahren sind die Aufbauhersteller mehr und mehr zur Verwendung des leichteren und korrosionsbeständigen Werkstoffs Aluminium übergegangen.

Magirus führte bereits 1988 den „Alu-Fire-Aufbau" ein, Rosenbauer bietet seit 1994 den „AT-Aufbau" (Aluminium-Technologie) und seit Ende 2002 das „Europa-System ES" (selbsttragende Alu-Spantenbauweise) an. Ziegler entwickelte 1998 das „Aluminium Paneel System" ALPAS. Metz hat seit 1993 das „AS-System" (Aluminium-Stahl) im Programm. Bisher erst vereinzelt werden Gerätekoffer komplett aus glasfaserverstärktem Kunststoff (GfK) hergestellt. Zum Beispiel besitzen die sechs LF 20/20-2 der BF Stuttgart von 1996 GfK-Gerätekoffer. Schlingmann stellte 2003 sein neues Aufbaukonzept „Quadra-VA" vor, das aus einem selbsttragenden Edelstahl-Aufbau besteht. In einem gänzlich neuen Design, das sich „ZMT" (Ziegler Modular Technologie) nennt, sind seit 2003 Ziegler-Fahrzeuge lieferbar.

Heute dominieren die Fahrgestelle von Iveco („EuroFire"), MAN (LE 2000, ME 2000) und Mercedes-Benz („Atego", „Actros"). Seit 1993 tritt auch der schwedische Hersteller Scania mehr und mehr in Erscheinung. Die FF Haan war 1993 die erste Feuerwehr, die zum Bau eines HLF ein Scania-Fahrgestell wählte. Von den altbekannten Aufbauherstellern sind heute nur noch Magirus, Schlingmann und Ziegler übriggeblieben, doch traten neue hinzu: die österreichische Firma Rosenbauer, die nach Übernahme von Metz und FGL in Luckenwalde nun auch in Deutschland produziert, Schmitz in Siegen und Lentner in Grafing.

Löschgruppenfahrzeuge LF 16-TS

Das LF 16-TS ist ein LF 16 mit eingeschobener Tragkraftspritze TS 8/8 und wurde erstmals im September 1971 in DIN 14530, Blatt 8, genormt. Danach erfolgten dreimal Neubearbeitungen dieser Norm. Bei den kommunalen Feuerwehren verlor das LF 16-TS zunehmend an Bedeutung, nicht jedoch für den Katastrophenschutz. Seit 1992 lautet der Titel dieser Norm daher: „Löschgruppenfahrzeug LF 16-TS für den Katastrophenschutz". Das zulässige Gesamtgewicht beträgt 9000 Kilogramm. Antriebsart: wahlweise Straßen- oder Allradantrieb.

Trockenlöschfahrzeuge

Trockenlöschfahrzeuge (TroLF) sind Löschfahrzeuge, die ausschließlich Löschpulver als Löschmittel mitführen. Von 1961 bis 1969 galt das Normblatt DIN 14561 „Trockenlöschfahrzeuge – Allgemeine Anforderungen", das die beiden Typen TroLF 750 und TroLF 1500 vorsah. In der DIN 14530, Blatt 23, vom Juni 1969 waren die drei Typen TroLF 500, TroLF 750 und TroLF 1500 enthalten. In der Folgeausgabe dieser Norm vom Mai 1981 wiederum gab es nur noch das TroLF 750, bis im November 1988 das Normblatt ersatzlos zurückgezogen wurde.

Das TroLF 750 war insbesondere in den sechziger Jahren bei den kommunalen Feuerwehren verbreitet und wurde vorzugsweise auf Unimog-Fahrgestellen und mit Pulverlöschanlagen (PLA) von Minimax und Total gebaut. Werk- und Flughafenfeuerwehren beschafften größere Trockenlöschfahrzeuge, wie TroLF 1500, TroLF 2000, TroLF 2250, TroLF 3000 und größer.

Die Basisfahrzeuge

Um die ausufernde Typenvielfalt bei den Löschfahrzeugen einzugrenzen, schlug der Arbeitskreis Technik der Arbeitsgemeinschaft der Lei-

(043) **Hanomag-Fahrgestelle waren im Feuerwehrfahrzeugbau seltener. Ziegler baute dieses LF 8 für die FF Biebesheim 1955 auf dem Hanomag L 28 auf. Es befindet sich heute im Deutschen Feuerwehr-Museum Fulda**

ter der Berufsfeuerwehren (AGBF) im Jahre 1986 „Basisfahrzeuge" (BaF) in drei Größen vor. Für das BaF 1 sollten serienmäßige Kastenwagen bis 3500 Kilogramm zulässigem Gesamtgewicht verwendet werden. Einfache Löschtechnik: Tragkraftspritze TS 8/8, Löschwassertank 500 Liter Inhalt. BaF 2 war ein allradangetriebenes Lösch- und Hilfeleistungsfahrzeug mit einem zulässigen Gesamtgewicht von 9000 Kilogramm. Löschtechnik: eingebaute Feuerlöschpumpe FP 16/8, Löschwassertank 1000 Liter Inhalt. BaF 3 war ein universelles Lösch- und Hilfeleistungsfahrzeug mit einem zulässigen Gesamtgewicht von 17 000 Kilogramm. Löschtechnik: eingebaute Feuerlöschpumpe FP 24/8, Löschwassertank 2000 Liter Inhalt, Schaummitteltank 200 Liter Inhalt.

Doch der gutgemeinte, durchaus fundierte Vorschlag fand keinen großen Widerhall. Lediglich die BF Ludwigshafen nahm je eins der drei Basisfahrzeugtypen in Dienst, die BF Mainz und FF Salzgitter je ein BaF 2 sowie die BF Mönchengladbach und BF Flensburg je ein BaF 3. Bei den Freiwilligen Feuerwehren gab es überhaupt kein Interesse, und so verschwand der Vorschlag in der Versenkung.

(044) **Bis Anfang der 1960er Jahre wurden vor allem in Norddeutschland Borgward-Fahrgestelle zum Bau von Löschfahrzeugen verwendet. Die FF Neuenburg bestellte ihr LF 8 1957 bei Metz auf dem Allrad-Fahrgestell B 2500 A-O**

Oben: (045) Auch die FF Osteraccum-Thunum-Stedesdorf erhielt ein LF 8 auf dem Fahrgestell Borgward B 2500 A-O. Den Aufbau fertigte die Niedersächsische Waggonfabrik Graaff in Elze/Han. Von ihr wurden in den fünfziger Jahren größere Stückzahlen von LF 8 geliefert

Mitte: (046) Das LF 8 der FF Ladekop baute Bierstedt in Thedinghausen 1959 auf dem Fahrgestell Opel-Blitz 1,75 t auf. Die Feuerlöschpumpe FP 8/8 stammte von Balcke

Unten: (047) Die Firma Schlingmann begann im Jahre 1952 mit dem Bau von Löschfahrzeugen. Dieses LF 8 mit Heckbeladung wurde auf dem Fahrgestell Opel Blitz für die FF Garrel gebaut. Da Schlingmann damals noch keine eigenen Feuerlöschpumpen herstellte, wurde in diesem Fall die FP 8/8 von Balcke verwendet

(048) Die erste Lkw-Baureihe von Mercedes-Benz nach dem Zweiten Weltkrieg wurde mit den Typen L 3500 (3,5 t Nutzlast) und L 4500 (4,5 t Nutzlast) bei den Feuerwehren sehr erfolgreich. Der Sechszylinder-Dieselmotor leistete anfangs nur 90 PS. Hier im Bild das LF 15 der FF Rheinfelden/Baden auf dem Fahrgestelltyp LF 3500/36 mit Aufbau von Metz

(049) Die so genannte Omnibusform (bei der Kabine und Aufbau auch äußerlich eine Einheit bildeten) wurde 1950 von Magirus zunächst bei Tanklöschfahrzeugen, später auch bei Löschgruppenfahrzeugen, als wichtige Neuerung gepriesen. Der Konkurrent Metz war natürlich zu einem gleichartigen Produkt gezwungen. Hier ein LF 15 mit Metz-Aufbau auf dem Fahrgestell Mercedes-Benz LF 311/42

(050) Ende der fünfziger Jahre begann bei der Firma Daimler-Benz die „Pullman"-Periode. Mehrere Feuerwehren, allen voran Hamburg, nutzten die Vorteile der ersten Frontlenker-Generation von Mercedes. Von 1958 bis 1968 nahm Hamburg nicht weniger als 81 Pullman-LF 16 ab. Hier im Bild eines der ersten LF 16, das die Feuerwehrgerätefabrik Gebr. Bachert für Hamburg auf dem Fahrgestell Mercedes-Benz LPF 311/36 baute. Charakteristisch für die Hamburger Einsatzfahrzeuge waren die Auer-Leuchten

25

1961 bis 1970

Oben: (051) Die BF Essen besaß in den fünfziger und sechziger Jahren eine Reihe von Krupp-Fahrzeugen. Meyer-Hagen baute beispielsweise 1960 dieses LF 16 auf dem Fahrgestell „Widder". Der Dreizylinder-Zweitakt-Dieselmotor leistete 125 PS. Dieses LF 16 befindet sich heute in der Sammlung von Krupp-Feuerwehrfahrzeugen von Dr. Fritz Hardach in Oldenburg

Mitte: (052) Mit den 1954 eingeführten Magirus-Eckhaubern (in der Werbung „deutsche Bullen" genannt) hatte Magirus geeignete Fahrgestelle für Lösch- und Sonderfahrzeuge in der 11-Tonnen-Klasse im Programm. 1963 beschaffte die FF Celle dieses LF 16 auf dem Fahrgestell Magirus-Deutz FM 150 D 10 A. Leistung des luftgekühlten V6-Dieselmotors von KHD: 150 PS. Eine Besonderheit ist die Vorbau-Seilwinde, Fabrikat Heros, mit einer Zugkraft von 4,5 t

Unten: (053) Die Haubenfahrzeuge von MAN wurden in den sechziger Jahren außer von der BF Berlin und der BF Nürnberg seltener zum Bau von LF 16 (und TLF 16) verwendet. Hier das LF 16 der BF Lübeck mit Aufbau von Ziegler, Baujahr 1963

(054) Für die BF Kassel lag es nahe, für ihre Löschfahrzeuge Henschel-Fahrgestelle zu wählen. Dieses LF 16 baute Metz 1963 auf dem Fahrgestell Henschel HS 100. Es wird bis heute vom Feuerwehrverein Kassel e.V. unterhalten

Links: (055) Weil Magirus damals noch keine eigenen Fahrgestelle in der mittleren Gewichtsklasse produzierte, verwendeten die Ulmer neben anderen Fabrikaten auch Faun-Fahrgestelle vom Typ F 24 DL wie hier für das LF 8 der FF Westersode von 1965. Die Aufnahme entstand 2002 während eines Oldtimertreffens
Rechts: (056) Der 1956 auf dem Transportermarkt eingeführte Mercedes-Kastenwagen L 319/L 319 D eignete sich besonders als Basisfahrzeug zum Bau von LF 8. Dieses LF 8 der FF Uetersen richtete Bachert 1966 auf dem Fahrgestell LF 408 (neue Bez. ab 1963) ein

(057) Das erste LF 16, das in roter Tagesleuchtfarbe RAL 3024 (Leuchtrot) lackiert war, besaß 1969 die FF Hilden. Die ortsansässigen damaligen Farbenwerke Hermann Wiederhold, die maßgeblich an der Entwicklung der Leuchtfarbenlacke beteiligt gewesen waren, ließen es sich natürlich nicht nehmen, ein Einsatzfahrzeug „ihrer" Feuerwehr kostenlos umzulackieren. So wurde ein LF 16 auf dem Fahrgestell Mercedes-Benz LAF 1113 B mit Aufbau von Heines-Wuppertal ausgewählt. Diese Aufnahme entstand 1976 und beweist die Beständigkeit der damaligen Lackierung. Das LF 16/12 blieb übrigens noch bis 1995 im Dienst!

1971 bis 1980

(058) Den Eckhaubern von Magirus setzte Mercedes-Benz 1958 seine Kurzhauber entgegen. Hier das LF 16 der FF Brunsbüttel auf dem Fahrgestell LAF 1113 B. Dieses LF 16, das Bachert 1971 lieferte, weist zwei Besonderheiten auf: die Frontseilwinde von Rotzler und rot lackierte Rolläden

(059) In den siebziger Jahren begann die BF Stuttgart mit ihrer Eigenentwicklung von LF 24. Nachdem Bachert 1972 einen Prototypen auf dem Fahrgestell Mercedes-Benz LP 1624 gebaut hatte, folgte 1977 das erste LF 24 mit im Gerätekoffer integrierten Mannschaftsraum auf dem Fahrgestell Mercedes-Benz 1632, ebenfalls von Bachert. Das Bild zeigt das dritte, 1979 gelieferte LF 24 von insgesamt sechs Fahrzeugen. Wegen der (bei BF und FF selten verlangten) Feuerlöschpumpe FP 32/8, dem größten genormten Typ, war auch die Bezeichnung LF 32 gebräuchlich. Es wurden 2400 Liter Wasser und 250 Liter Schaummittel mitgeführt. Das LF 24 erhielt erstmals eine Wandler-Schaltkupplung anstelle eines Handschaltgetriebes

(060) Während sich kommunale Feuerwehren mit 750 kg, später auch mit 1500 kg Löschpulver begnügten, führten die Trockenlöschfahrzeuge (TroLF), auch Pulverlöschfahrzeuge genannt, vieler Werkfeuerwehren und natürlich der Flughafenfeuerwehren, wesentlich größere Löschpulvermengen mit. Die Deutsche Shell, Werk Harburg in Hamburg, ließ sich 1973 dieses maßgeschneiderte TroLF 4000 von Total bauen. Fahrgestell war ein Magirus-Deutz 170 D 15

(061) An die FF Glauberg lieferte Ziegler 1972 ein LF 8 auf dem Fahrgestell Opel Blitz 2,4 t, dessen Sechzylinder-Dieselmotor 80 PS leistete. Ziegler verwendete (wie in zahlreichen anderen Fällen) einen Serienkoffer der Firma Voll in Würzburg. Die Geräteräume waren bereits mit Rolläden verschlossen

(062) Für die FF Nienburg/Weser baute der niedersächsische Hersteller Arve in Springe 1975 ein LF 8 auf dem Frontlenker-Fahrgestell Mercedes-Benz LPKF 608

(063) Nachdem Magirus ab 1976 mit der „kleinen" Frontlenker-Baureihe ein eigenes Fahrgestell für das LF 8 bieten konnte, beschafften viele Feuerwehren, wie hier 1980 die FF Lübeck-Moisling, ihr LF 8 auf dem Magirus-Deutz 90 M 5,7 F

(064) Dieses LF 8 der FF Salzgitter-Lebenstedt weicht von der üblichen Kastenbauweise ab. Arve fertigte einen Koffer für das Fahrgestell VW-MAN 6.90 F. Baujahr: 1982

(065) Das LF 8 der FF Lübeck-Dänischburg baute Metz 1982 ebenfalls auf dem Fahrgestell VW-MAN 6.90 F

Links: (066) Die Frontlenker-Fahrgestelle der so genannten „Neuen Generation" von Mercedes-Benz, die 1973 auf den Markt kam, waren lange Zeit das Standard-Fahrgestell für LF 16 und TLF 16. Hier im Bild das LF 16 der FF Ahrensburg auf Mercedes-Benz 1222 AF mit Aufbau von Ziegler, Baujahr 1986
Rechts: (067) Bei der Feuerwehrausstellung Interschutz 1988 stellte Metz eine andersartige Aufbauform für Löschfahrzeuge und Rüstwagen auf der Basis von Mercedes-Benz-Fahrgestellen vor, die sich vor allem durch eine geräumige, besser zugängliche Mannschaftskabine auszeichnete. Diese Konzeption war vom Krupp-Tochterunternehmen Gesellschaft für Sicherheitstechnik (GST) entworfen worden. Das Vorführfahrzeug, das LF 16 von 1988, Fahrgestell Typ Mercedes-Benz 1222 AF, übernahm ein Jahr später die BF Bremen

1981 bis 1990

(068) **Die 1984 bei Mercedes-Benz eingeführte „Leichte Nutzfahrzeug"-Baureihe (LN 2) war im Feuerwehrsektor sehr erfolgreich. Hier ein LF 16 der BF Köln auf dem Fahrgestell 1120 F mit Aufbau von Ziegler, Baujahr 1988**

(069) **Die BF Solingen beschaffte 1985 von Magirus ein LF 16 auf dem Fahrgestell Iveco-Magirus 120-19 AW**

Links: (070) **Im Feuerwehrdienst sind Ford-Fahrgestelle in der 11-Tonnen-Klasse bisher äußerst selten. Zum Bau von LF 16 wurden sie erst dreimal verwendet, davon zweimal für die WF Ford in Köln (1984 und 1986) und einmal 1986 für die BF Köln, die es nach der Erprobung an die FF Köln-Lövenich gab. Alle drei LF 16 wurden von Ziegler auf den Fahrgestellen Cargo 1520, die mit Deutz-Dieselmotoren mit einer Leistung von 150 kW ausgestattet waren, aufgebaut. Das Bild zeigt das LF 16 der FF Köln-Lövenich**
Rechts: (071) **Wenn hohe Geländegängigkeit für Löschfahrzeuge gefordert wird, ist der Unimog von Mercedes-Benz erste Wahl. Die FF Willinghusen beschaffte ihr LF 8 im Jahre 1984 von Bachert auf dem Mercedes-Benz Unimog U 1300 L**

(072) Den vom Arbeitskreis Technik der Arbeitsgemeinschaft der Leiter der Berufsfeuerwehren (AGBF) im Jahre 1986 vorgeschlagenen „Basisfahrzeugen" (BaF) als Alternative zu Normfahrzeugen war kein Erfolg beschieden. Lediglich die Feuerwehr Ludwigshafen beschaffte je ein Basisfahrzeug der drei Typen. Das BaF 1 baute Ziegler 1987 auf einem Ford Transit FT 190. Löschtechnische Ausstattung: Löschwassertank mit 500 Litern Inhalt, Tragkraftspritze TS 8/8. Wie diese Ausstattung zeigt, ist das BaF 1 dem 1991 genormten TSF-W sehr ähnlich

(073) Das Basisfahrzeug BaF 2 der BF Ludwigshafen baute ein Jahr später ebenfalls Ziegler, und zwar unter Verwendung eines Fahrgestells Mercedes-Benz 917 AF. Löschtechnische Ausstattung: Feuerlöschpumpe FP 16/8, Löschwassertank mit 1000 Litern Inhalt

(074) Ihr Basisfahrzeug BaF 3 nahm die BF Ludwigshafen 1988 von Ziegler entgegen. Dafür wurde das luftgefederte Fahrgestell Mercedes-Benz 1729 L/42 verwendet. Löschtechnische Ausstattung: Feuerlöschpumpe FP 24/8, Löschwassertank mit 3000 Litern Inhalt, Schaummitteltank mit 200 Litern Inhalt. Generator 20 kVA, keine fest eingebaute Zugvorrichtung (Seilwinde)

(075) Die BF Bremen gab wegen der zunehmenden Verkehrsprobleme in der Innenstadt 1988 erstmals kürzere und schmalere Löschfahrzeuge in Auftrag. Metz baute dieses HLF 16 auf dem Fahrgestell Mercedes-Benz 1120 F mit einem Radstand von 3,15 m auf. Die Fahrzeuglänge beträgt nur 6,45 m, die Breite 2,30 m. Der Löschwassertank fasst 1200 Liter

(076) Eine preisgünstige Lösung kann die bauliche Trennung von Mannschaftsraum und serienmäßiger Fahrerkabine sein. Die Feuerwehr Salzgitter beschritt 1988 – wie manche andere Feuerwehr – diesen Weg beim LF 16 für die Ortsfeuerwehr Gebhardtshagen

1991 bis 2000

(077) 1990 führte Iveco-Magirus die Baureihe „EuroFire" ein, die zu einem großen Erfolg wurde. Die FF Neu-Ulm erhielt 1996 ein LF 16/12 auf dem Fahrgestell Iveco FF 135 E 22 W

Links: (078) Die BF Frankfurt am Main setzte vorübergehend auf kürzere und schmalere Löschfahrzeuge und führte 1993 das Vorauslöschfahrzeug VLF 24/12 ein. Ziegler baute sechs VLF 24/12 auf dem Fahrgestell Mercedes-Benz 1124 F mit einem Radstand von 3,09 m. Die Fahrzeuglänge beträgt nur 6,03 m, die Breite 2,30 m. Das VLF 24/12 besitzt eine Feuerlöschpumpe FP 24/8 H (Normaldruck/Hochdruck), einen Löschwassertank mit 1200 Litern Inhalt und eine Pulverlöschanlage PLA 250, gelagert auf einem Teleskopschlitten
Rechts: (079) Die BF Flensburg setzte 1993 ebenfalls auf schmalere und kürzere Löschgruppenfahrzeuge. Dieses LF 16/12 baute Rosenbauer 1993 nach den Wünschen der Flensburger auf dem Fahrgestell Mercedes-Benz 917 AF mit einem Radstand von 3,09 m. Die Fahrzeuglänge beträgt nur 6,20 m, die Breite 2,40 m. Das LF 16/12 besitzt eine Feuerlöschpumpe NH 20 (Normaldruck/Hochdruck) von Rosenbauer und führt 1200 Liter Wasser mit

(080) Die BF Kassel ist eine Vorreiterin für „Folienautos", also Fahrzeugen mit weiß lackiertem Aufbau und Beklebung mit roten Folien. Dieses LF 16/12 baute Metz 1994 auf dem Fahrgestell Mercedes-Benz 1224 AF

Links: (081) Die BF Hildesheim bezeichnete ihr 1996 in Dienst gestelltes LF 16/12 wegen seiner kompakten Bauweise mit dem Zusatz „City". Magirus fertigte es auf dem Fahrgestell Iveco-Magirus 100 E 21 mit den Abmessungen: Länge=6,38 m und Breite=2,25 m. Die Feuerlöschpumpe FP 16/8 mit Hochdruckteil 2,5/40 stammt ebenfalls von Magirus
Rechts: (082) Schlingmann baute 1998 dieses LF 8/6 auf dem Fahrgestell MAN 8.224 LC für die Feuerwehr Solingen

(083) Mit modernster Technologie ist das erste westdeutsche Abgas-Löschfahrzeug, der „Turbo-Löscher", ausgestattet, der aufgrund eines Forschungsauftrags des Bundesministers für Bildung, Wissenschaft, Forschung und Technologie (BMFT) unter Federführung der WF BASF, Ludwigshafen, 1995 bis 1996 entwickelt und gebaut wurde. Zwei Lazrac-Triebwerke (bekannt vom Alpha Jet) sind auf dem geländegängigen MAN-Fahrgestell 6x6 (Kategorie 1A1) montiert, die Triebwerksteuerung stammt von BMW/Rolls-Royce, der Aufbau von Zikun

 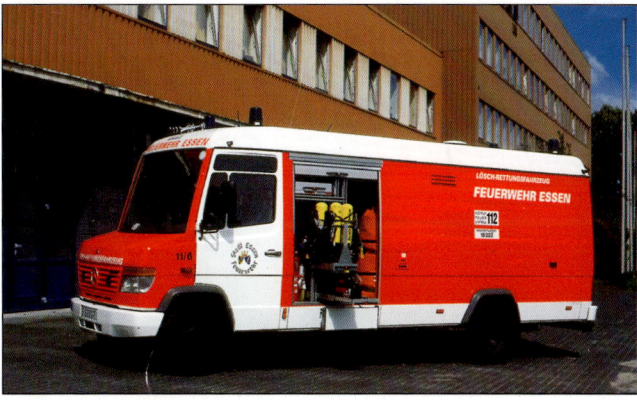

Links: (084) Die FF Düren war 1999 die erste Freiwillige Feuerwehr, die ein LF 24 auf dem Fahrgestell Mercedes-Benz Actros 1831 L in Dienst stellte. Der Aufbau mit der zum Mannschaftsraum verlängerten Fahrerkabine stammt von Ziegler. Die Feuerlöschpumpe FP 24/8 besitzt einen Hochdruckteil. Die mitgeführten Löschmittelmengen betragen 1600 Liter Wasser und 200 Liter Schaummittel. Vom Fahrzeugmotor angetrieben sind die Rotzler-Seilwinde „Treibmatic" mit einer Zugkraft von 50 kN und ein 20-kVA-Generator, der u. a. den Flutlichtmast versorgt. Das LF 24 entspricht der „Beschaffungsrichtlinie Nordrhein-Westfalen"
Rechts: (085) Das von der BF Essen 1999 entwickelte Lösch-Rettungsfahrzeug (LRF) ist eigentlich zu den Rettungsdienstfahrzeugen zu zählen, da es im Prinzip einen Rettungswagen (RTW) mit Löscheinrichtungen darstellt. Die Karosseriefirma Binz in Lorch baute das LRF auf der Basis des Mercedes-Benz Vario 814 D. Zur Brandbekämpfung stehen u. a. eine Hochdrucklöschanlage FogTec, 40 Liter Schaummittel AFFF und Feuerlöscher zur Verfügung, für technische Hilfeleistungen werden u. a. Kombispreizer, Force Rescue-Gerät und Motorsäge mitgeführt. Inzwischen sind in Essen acht LRF im Einsatz

(086) Am Beispiel des LF 8/6 der FF Bargfeld-Stegen von 2000 wird der gewaltige Entwicklungsfortschritt deutlich, den das Löschgruppenfahrzeugs LF 8 seit den fünfziger Jahren genommen hat. Dieses LF 8/6 wurde von Schlingmann auf dem Mercedes-Benz Atego 815 F gebaut. Der Aufbau ist im attraktiven „Schlingmann-Look" gehalten

(087) Das erste LF 16/12 auf dem Fahrgestell Mercedes-Benz Atego 1328 AF mit Metz AS-Aufbau (Aluminium-Stahl) erhielt im Jahre 2000 die FF Waldenbuch

(088) Die BF Duisburg bestellte 2000 bei Magirus drei Löschfahrzeuge in ungewöhnlicher technischer Konzeption unter der Firmenbezeichnung „Octopus" (Optimized Chassis Technology with optional Pump pipework in Unbending Skeletons). Sie wurden im ersten Halbjahr 2002 geliefert und liefen seitdem als Vorauslöschfahrzeuge VLF 30/20. Das Sonderfahrgestell mit Allradantrieb, Allradlenkung und hydropneumatischer Federung lieferte Titan. Der Iveco-Dieselmotor war über der Hinterachse eingebaut und leistete 259 kW. Die löschtechnischen Einrichtungen umfassten eine Feuerlöschpumpe FP 30/10, 2000 Liter Wasser, 200 Liter Schaummittel und eine CAFS-Anlage von Hale. Die Octopusse erfüllten jedoch nicht die Erwartungen und wurden im Laufe des Jahres 2003 außer Dienst gestellt und an Magirus zurückgegeben

Immer mehr gefragt: HILFELEISTUNGS-LÖSCHFAHRZEUGE

Hilfeleistungs-Löschfahrzeuge (HLF) sind Löschgruppenfahrzeuge oder Löschfahrzeuge mit Staffelbesatzung, die zusätzlich eine feuerwehrtechnische Beladung für Hilfeleistungseinsätze mitführen. Sie können mit einer fest eingebauten Zugeinrichtung (Seilwinde) ausgestattet sein und besitzen überwiegend einen Lichtmast. Zur Stromerzeugung ist entweder ein fest eingebauter Generator oder ein tragbarer Stromerzeuger vorhanden.

Zehn Jahre lang, von 1981 bis 1991, war das Löschgruppenfahrzeug LF 24 genormt (DIN 14530, Teil 10). Es sollte als Hilfeleistungs-Löschfahrzeug, also außer zur Brandbekämpfung, auch zur Durchführung einfacher technischer Hilfeleistungen eingesetzt werden. Vereinfacht gesprochen, es war eine Kombination von LF 16/12 und Rüstwagen RW 1 beabsichtigt. So verfügte das LF 24 über eine Feuerlöschpumpe FP 24/8, einen 1600-Liter-Löschwassertank und einen 200-Liter-Schaummitteltank, eine 50-kN-Seilwinde, einen eingebauten 20-kVA-Generator sowie einen Lichtmast. Die Norm konnte sich jedoch nicht durchsetzen, weil die meisten Feuerwehren weiterhin ihre eigenen Entwicklungen betrieben, sodass Normbefürworter einen regelrechten „Wildwuchs" beklagten. Dafür gab und gibt es tatsächlich reichlich Beispiele, von den „Lösch-Hilfeleistungsfahrzeugen" (LHF) der Berliner Feuerwehr im Jahre 1983 bis zu bemerkenswerten HLF der vergangenen Jahre, die sich sowohl bei Berufsfeuerwehren als auch bei Freiwilligen Feuerwehren finden. Nach Zurückziehung der Norm 1991 erkannte man im Land Nordrhein-Westfalen, wo sich bisher die meisten LF 24 befanden, weiteren Bedarf, dem das Land mit seiner „Beschaffungsrichtlinie" Rechnung trug, sodass das LF 24 dort weiterhin bezuschussungsfähig ist.

Vorreiter für Hilfeleistungslöschfahrzeuge waren die BF Frankfurt am Main und die BF Duisburg. In Frankfurt wurden 1969 erstmals Löschgruppenfahrzeuge mit einer Hilfeleistungsbeladung beschafft. Es handelte sich um Fahrgestelle Magirus-Deutz 170 D 11 FA mit Magirus-Aufbauten. Die Geräteräume auf der linken Fahrzeugseite enthielten die Löschgeräte, von der rechten Seite waren die Geräte für technische Hilfeleistungen wie hydraulische Hebegeräte und Motorsäge (ab 1977 auch hydraulische Schere und Spreizer) zugänglich. Zur Ausstattung gehörten ein 20-kVA-Generator und ein Lichtmast mit drei Flutlichtstrahlern zu je 1000 Watt. Wegen der erweiterten Ausstattung und Ausrüstung musste das zulässige Gesamtgewicht von 11 000 Kilogramm (LF 16 nach Norm) auf 11 700 Kilogramm erhöht werden. Der Löschwassertank fasste 1600 Liter. Bis 1977 wurden zehn HLF 16 von Magirus beschafft. Von 1981 bis 1984 kam die zweite Generation von HLF 16 zum Einsatz: Iveco-Magirus 192 D 11 FA mit Aufbauten von Rosenbauer, von 1984 bis 1987 die dritte Generation: Mercedes-Benz 1222 AF mit Aufbauten von Rosenbauer, und schließlich ab 1991 die vierte Generation: Mercedes-Benz 1222, 1225 und 1226 AF mit Aufbauten von Ziegler.

Die BF Stuttgart und die BF Ludwigshafen führten Mitte der siebziger Jahre ebenfalls HLF ein. Aus Kostengründen, aber gegen die Norm, behielten sie die serienmäßige Fahrerkabine bei und bezogen den Mannschaftsraum in den Gerätekoffer ein. Ein Faltenbalg stellte die Verbindung zwischen beiden Teilräumen her. Die HLF dieser beiden Berufsfeuerwehren waren in der 16-Tonnen-Klasse angesiedelt und kamen mit zweiachsigen Fahrgestellen aus.

1982 baute Ziegler für die BF Ludwigshafen ein dreiachsiges LF 24 auf dem Fahrgestell Mercedes-Benz 2632 AK (6x6). Es war mit einer Feuerlöschpumpe FP 32/8, einem 5000-Liter-Löschwassertank, einem 500-Liter-Schaummitteltank, einem Generator, einer Seilwinde und einem Lichtmast ausgestattet. Auch bei diesem LF 24 war der Mannschaftsraum in den Aufbau einbezogen.

In Berlin, und nur bei dieser Feuerwehr, heißen die Hilfeleistungslöschfahrzeuge seit ihrer Einführung im Jahre 1983 „Lösch-Hilfeleistungsfahrzeuge" (LHF). In diesem Jahr begann die Berliner Feuerwehr mit der Einführung des von ihr konzipierten Lösch-Hilfeleistungsfahrzeugs LHF 16, eines allradgetriebenen Löschfahrzeugs mit Staffelbesatzung. Die Feuerlösch-Kreiselpumpe FP 16/8 war mit einer Pumpenvormischanlage zur Schaumerzeugung kombiniert. An Löschmitteln wurden 1600 Liter Wasser und 400 Liter Schaummittel mitgeführt. Die feuerwehrtechnische Beladung wurde durch Geräte für Hilfeleistungen wie hydraulische Rettungsschere und Spreizer ergänzt. Die Fahrgestelle stammten von Mercedes-Benz und MAN, als Aufbauhersteller waren Bachert, Metz und Ziegler vertreten. Um den Ein- und Ausstieg aus dem Mannschaftsraum zu erleichtern, waren die Mannschaftskabinen tiefer- und vorverlegt. Mit dem so genannten „City-LHF" führten die Berliner 1994 eine neue Generation ein:

(089) **1969 begann die BF Frankfurt am Main mit der Einführung der von ihr konzipierten Hilfeleistungslöschfahrzeuge (HLF). Die erste Generation wurde bei Magirus auf den Fahrgestellen Magirus-Deutz 170 D 11 FA realisiert. In den Geräteräumen der linken Fahrzeugseite waren die Löschgeräte untergebracht, von der rechten Fahrzeugseite wurden die Geräte für technische Hilfeleistungen entnommen. Der Inhalt des Löschwassertanks betrug 1600 Liter; 20-kVA-Generator und Lichtmast gehörten zur Standardausrüstung. Frankfurt leistete damit Pionierarbeit bei der Entwicklung von Hilfeleistungslöschfahrzeugen**

(090) Die seinerzeit viel bestaunten Hilfeleistungs-Löschfahrzeuge GTLF 5000 H (das „H" stand für Hilfeleistung), die die BF Duisburg ab 1975 einführte, besaßen Löschwassertanks mit 5000 Litern Inhalt, damit die Staffelbesatzung so lange wie möglich ohne Aufbau einer eigenen Wasserversorgung die Brandbekämpfung durchführen konnte. Bis 1984 gab die BF Duisburg acht GTLF 5000 H bei Bachert auf dreiachsigen Fahrgestellen von Mercedes-Benz in Auftrag. Das erste GTLF 5000 H war – wie die folgenden sechs – auf dem Fahrgestell Mercedes-Benz 2632 AK (6x6) aufgebaut. Außer dem Löschwassertank war ein Schaummitteltank von 700 Litern Inhalt vorhanden, die Feuerlöschpumpe von Bachert war eine FP 24/8. Es wurde eine umfangreiche technische Beladung mitgeführt. 1987 erfolgte die Umbenennung in HLF 24/50. Das Bild zeigt das GTLF 5000 H aus dem Jahr 1980

(091) Als Ergänzung der großen HLF 24/50 kam in Duisburg als „Vorausfahrzeug" 1986 und 1988 je ein VLF 28/20 hinzu, das erste auf MAN-Fahrgestell des Typs 14.240 FAEG, das zweite auf MAN 14.361 FAEG. Beide waren von Rosenbauer gebaut worden und besaßen Feuerlöschpumpen NH 30 (Normaldruck/Hochdruck), einen Löschwassertank mit 2000 Litern Inhalt und einen Schaummitteltank mit 200 Litern Schaummittel

(092) Die zweite Generation der Duisburger Hilfeleistungs-Löschfahrzeuge hatte ihr Debut 1990. Nunmehr waren Fahrgestelle der MAN, Typ 19.362 FAK, die Basis der HLF 28/40. 1990 und 1991 wurde je ein HLF 28/40 beschafft, 1993, 1995 und 1996 je eins auf dem stärker motorisierten Fahrgestell MAN 19.372 FAK. Bei allen Fahrgestellen war eine Nachlauf-Lenkachse von Sülzer eingebaut, um den Wendekreis und den großen Reifenverschleiß, der sich bei den Dreiachsern bemerkbar gemacht hatte, zu verringern. Bei sämtlichen HLF stammten die Aufbauten und die Löschtechnik von Rosenbauer. Die mitgeführten Löschmittel betrugen 4000 Liter Wasser und 1000 Liter Schaummittel. Die Feuerlöschpumpen waren vom Typ NH 30 (Normaldruck/Hochdruck). Das Bild zeigt das HLF 28/40 aus dem Jahr 1990

(093) Die BF Karlsruhe begann 1985 mit der Einführung von Hilfeleistungs-Löschfahrzeugen HLF 24. Metz setzte auf das Fahrgestell Mercedes-Benz 2628 (6x6) einen Gerätekoffer mit integriertem Mannschaftsraum. Diese HLF 24 führten die enorme Löschwassermenge von 5000 Litern sowie 400 Liter Schaummittel mit. Die Feuerlöschpumpe FP 24/8 stammte ebenfalls von Metz

(094) Die zweite Karlsruher Generation von HLF 24 wurde 1992 eingeführt und wiederum auf dreiachsigen Fahrgestellen von Mercedes-Benz, diesmal vom Typ 1935 AK (6x4/2) mit luftgefederter Nachlauf-Lenkachse (Bergische Patentachsen, Wiehl), realisiert. Den Aufbau, wiederum mit zweigeteiltem Mannschaftsraum, fertigte der österreichische Hersteller Rosenbauer, von dem auch die Feuerlöschpumpe NH 30 (Normaldruck/Hochdruck) stammte. Die mitgeführten Löschmittelmengen betrugen 3200 Liter Wasser und 450 Liter Schaummittel. Zur Ausstattung gehörten ein 20-kVA-Generator mit Eigenantrieb und ein Lichtmast mit zwei Flutlichtstrahlern zu je 1000 W

kürzere und schmalere LHF auf MAN-Fahrgestellen. Trotzdem konnte die feuerwehrtechnische Beladung der bisherigen HLF 16 untergebracht werden. Allerdings fasst der Löschwasserbehälter statt 1600 Litern nun 1200 Liter, und auch der Inhalt des Schaummittelbehälters ist verkleinert. Die Aufbauten lieferten bisher Ziegler und Rosenbauer und in einem Einzelfall die Fahrzeugwerke Nord (FWN) in Flensburg.

Mit der Wahl von ausländischen Fahrgestellen in der Klasse der Löschfahrzeuge über 11 000 Kilogramm Gesamtgewicht waren die deutschen Feuerwehren bisher eher zurückhaltend. Bei der dritten Karlsruher Generation von HLF 24 im Jahre 2000 fiel die Entscheidung auf die voll luftgefederten, mit Scheibenbremsen ausgestatten Scania-Fahrgestelle P 94 D 310 DB (4x2) mit Crew Cab. Damit verwendete eine deutsche BF zum ersten Mal ein Fahrgestell des schwedischen Lkw-Herstellers zum Bau eines Löschfahrzeugs. Rosenbauer erhielt den Auftrag für zwei HLF 24. Schon früher hatten die Freiwilligen Feuerwehren Haan (1993) und Weferlingen (1995) für ihr HLF ein Scania-Fahrgestell gewählt.

Erstmals nahmen gleich zwei Berufsfeuerwehren ein komplett in England gefertigtes Hilfeleistungslöschfahrzeug in Dienst. Die BF

(095) und (096) **Zwei Hilfeleistungs-Löschfahrzeuge von Rosenbauer zugleich konnte die FF Dietzenbach 1991 in Dienst stellen.** Das HLF 16 führt 2000 Liter Löschwasser und 200 Liter Schaummittel mit und ist mit einem Lichtmast 4x1000 W ausgestattet. Fahrgestell: Iveco-Magirus 130-16 A. Das HLF 24 führt 5000 Liter Löschwasser und 500 Liter Schaummittel mit. Die technische Ausstattung umfasst eine Seilwinde Rotzler „Treibmatic" mit einer Zugkraft von 80 kN, einen Generator 20 kVA und einen Lichtmast mit vier Flutlichtstrahlern zu je 1000 W. Zwei Einmann-Schlauchhaspeln (Camiva) sind ebenfalls vorhanden. Fahrgestell: Iveco-Magirus 260-34 AW (6x6). Beide HLF besitzen Rosenbauer-Pumpen vom Typ NH 30 (Normaldruck/Hochdruck)

Frankfurt am Main und die BF Erfurt hatten sich für den Dennis „Rapier" entschieden. Er besitzt ein niedrig bauendes Spezialfahrgestell aus Edelstahl und einzeln aufgehängte Räder. Da zudem auf Allradantrieb verzichtet wurde, ergeben sich mehrere Vorteile wie niedrige Schwerpunktlage, niedriger Einstieg in den Mannschaftsraum und niedrige Geräteentnahmehöhen. Der Edelstahl-Aufbau stammt von John Dennis Coachbuilders in Guildford.

Um dem vermehrten Bedarf an Hilfeleistungslöschfahrzeugen Rechnung zu tragen, ist seit dem Jahr 2004 ein „Hilfeleistungslöschgruppenfahrzeug HLF 20/16" unter DIN 14530-11 genormt. Seine technischen Merkmale sind: eine Feuerlösch-Kreiselpumpe FP 20/10 (2000 l/min bei 10 bar), ein Löschwassertank mit mindestens 1600 Litern Inhalt und eine erweiterte feuerwehrtechnische Beladung für technische Hilfeleistungen, u.a. hydraulisches Schneidgerät (Schere und Spreizer). Eine maschinelle Zugeinrichtung (Seilwinde) ist zulässig. Der Lichtmast kann manuell, pneumatisch oder hydraulisch betrieben werden. Das zulässige Gesamtgewicht beträgt 14 000 Kilogramm.

(097) **Die FF Haan war die erste deutsche Freiwillige Feuerwehr, die ein Scania-Fahrgestell zum Bau eines Löschfahrzeugs wählte.** 1993 baute Rosenbauer ein HLF 28/20 auf dem Straßenfahrgestell P 93 ML. Die Motorleistung beträgt 162 kW, das zulässige Gesamtgewicht 17500 kg. Das HLF besitzt eine Feuerlöschpumpe NH 30 (Normaldruck/Hochdruck), einen 2000 Liter fassenden Löschwassertank, einen Schaummitteltank mit 200 Litern Inhalt und einen Lichtmast mit vier Flutlichtstrahlern zu je 1000 W. Damals noch selten: zwei Einmann-Schlauchhaspeln von Camiva

Oben: (098) Die Berliner Hilfeleistungs-Löschfahrzeuge heißen traditionell „Lösch-Hilfeleistungsfahrzeuge" (LHF). Das erste LHF 16 mit tiefer gelegter Mannschaftskabine wurde 1983 vorgestellt. Bachert baute es auf dem Fahrgestell Mercedes-Benz 1222 AF/36. Zur Tieferlegung verlängerte die Firma Eller in Sinzheim den Rahmen um 600 mm. Die nur 2,92 m hohen LHF trugen bei der Berliner Feuerwehr den Spitznamen „Dackel". Diese Bauart, die den Ein- und Ausstieg wesentlich erleichterte, wurde in den Beschaffungsjahren von 1984 bis 1991 sowohl auf Mercedes-Benz- als auch MAN-Fahrgestellen konsequent fortgeführt

(099) 1994 führte die BF Berlin mit den so genannten „City-LHF" eine neue Generation ein. Sie zeichnet sich durch kompakte Abmessungen (Länge und Breite) aus. Dafür wurden in der Serienbeschaffung MAN-Fahrgestelle vom Typ 10.224 LC verwendet. Die Aufbauten lieferten bisher Ziegler und Rosenbauer. Das Bild zeigt ein LHF 16/12 mit Ziegler-Aufbau von 1997

(100) Zur Lieferserie 1999 der Berliner Feuerwehr gehörte dieses LHF 16/12, das Ziegler wiederum auf dem MAN-Fahrgestell 10.224 LC baute. Hierbei handelte es sich um ein so genanntes „Folienauto". Inzwischen sind Folienfahrzeuge, seien es LHF, RTW oder Drehleitern, Berliner Standardausführung

(101) 1996 stellte die BF Stuttgart sechs neue Hilfeleistungs-Löschfahrzeuge HLF 20/20-2 in Dienst, die sich durch verschiedene technische Merkmale auszeichnen. So wurde der gesamte Gerätekoffer, in dem auch der Mannschaftsraum integriert ist, aus GfK hergestellt. Die beiden Einmann-Schlauchhaspeln wurden teilweise in das Heck eingezogen, sodass sie kaum in den Verkehrsraum ragen. Statt mittels üblicher Aufstiegsleiter erfolgte der Zutritt zum Dach über eine Luke im Mannschaftsraum. Die Fahrgestelle sind vom Typ Mercedes-Benz 1831/38, die Aufbauten und die Löschtechnik stammen von Ziegler

(102) Die BF Leipzig bestellte 1998 bei der Firma Schmitz Feuerwehr- und Umwelttechnik in Luckenwalde sechs Hilfeleistungs-Löschfahrzeuge, in die erstmals in Deutschland Druckluftschaumanlagen (CAFS) „One Seven" von Schmitz eingebaut wurden. Die HLF 10/10 wurden mit Feuerlöschpumpen FP 10/10 des amerikanischen Herstellers Darley ausgestattet. Der Löschwassertank hat einen Inhalt von 1000 Litern. Als Fahrgestelle wurden MAN 8.163 LAEC verwendet. Der Gerätekoffer ist aus Aluminium gefertigt. Die HLF sind ebenfalls „Folienautos"

(103) Zwei baugleiche HLF 24/20-2 stellte die BF Mainz 1999 in Dienst. Sie wurden von Magirus auf den Fahrgestellen Mercedes-Benz Actros 1831 F aufgebaut. Der Mannschaftsraum ist in den AluFire-Aufbau integriert. Die Motorleistung betrug 230 kW, das zulässige Gesamtgewicht von 18 000 kg gewährleistet eine hohe Gewichtsreserve von zirka 2400 kg. Die löschtechnische Ausstattung besteht aus einer Feuerlöschpumpe FP 24/8, einem Löschwassertank mit 2000 Litern Inhalt sowie einem Schaummitteltank mit 200 Litern Inhalt. Fest eingebaut sind eine Seilwinde Rotzler „Treibmatic" mit einer Zugkraft von 50 kN und ein Lichtmast mit zwei Flutlichtstrahlern zu je 1000 W. Es handelt sich wieder um ein „Folienauto". Anfangs gab es erhebliche Probleme mit der Sechzehngang-Getriebeschaltung „Telligent", die noch nicht auf die arttypische Feuerwehrfahrweise programmiert war

(104) Die BF Wuppertal erhielt 1999 die ersten beiden HLF 24 NW. Sie entsprechen der Beschaffungsrichtlinie des Landes Nordrhein-Westfalen (NW). Die Aufbauten fertigte Magirus in AluFire-Technik. Die Fahrgestelle sind Mercedes-Benz Actros 1835. Die Motorleistung beträgt 260 kW, das zulässige Gesamtgewicht 18 000 kg. Die Feuerlöschpumpe ist eine FP 24/8, es werden 2500 Liter Löschwasser und 270 Liter Schaummittel mitgeführt. Auf dem Dach ist ein Wasserwerfer angeordnet. Fest eingebaut sind eine Seilwinde Rotzler „Treibmatic" mit einer Zugkraft von 50 kN und ein Lichtmast mit zwei Flutlichtstrahlern zu je 1000 W. Auch bei den Wuppertaler HLF traten anfangs die von Mainz bekannten Probleme mit der „Telligent"-Schaltung auf. 2000 und 2001 kam je ein weiteres HLF 24 NW hinzu

105) Die Deutsche Bahn AG stellt seit 1999 den Feuerwehren, in deren Zuständigkeitsbereich sich Tunnelstrecken der Bahn befinden, eigens entwickelte Hilfeleistungs-Löschfahrzeuge, die auf Straße und Schiene fahren können, zur Verfügung. Das erste HLF 24/16-Schiene wurde 1999 der FF Zella-Mehlis zugeteilt. Das Fahrgestell ist vom Typ Iveco MP 190 EH 30 W. Die Motorleistung beträgt 221 kW, das zulässige Gesamtgewicht 20 000 kg. Der Aufbau und die gesamte Löschtechnik kommen von Magirus. Das HLF 24/16 verfügt über eine Feuerlöschpumpe FP 24/8, einen Löschwassertank mit 1600 Litern Inhalt, einen 12,5 kVA-Generator, eine HPC-Seilwinde mit einer Zugkraft von 50 kN, einen Lichtmast mit zwei Flutlichtstrahlern zu je 1000 W und eine Ladebordwand von Bär am Heck. Die Schienenfahreinrichtung stammt von der Firma Zweiweg in Leichlingen

Links: (106) Die EXPO 2000 in Hannover war sowohl für die BF Hannover als auch die deutsche Feuerwehrindustrie ein willkommener Anlass, ein neues Konzept von Hilfeleistungs-Löschfahrzeugen vorzustellen. Es wurden – neben zwei Metz-Drehleitern DLK 23-12 (siehe Nr. 253) – fünf HLF 16/20-2 von Magirus in AluFire-Technik auf luftgefederten Fahrgestellen Mercedes-Benz Econic 1828 L mit gelenkten Hinterachsen (von Titan) präsentiert. Die Motorleistung beträgt 205 kW, das zulässige Gesamtgewicht 16000 kg. Die Feuerlöschpumpe FP 16/8 stammt von Magirus, der Löschwassertank fasst 2000 Liter, der Schaummitteltank 200 Liter. Ein Wasserwerfer (1600 l/min) ist auf dem Dach angeordnet. Vorn ist eine Seilwinde Rotzler „Treibmatic" mit einer Zugkraft von 50 kN eingebaut. Der Lichtmast ist mit zwei Flutlichtstrahlern zu je 1000 W ausgestattet. Zwei Einmann-Schlauchhaspeln von Barth sind am Heck aufgeprotzt

Rechts: (107) Ebenfalls im Jahre 2000 nahm die BF Göttingen ihr HLF 24/20/2 auf dem Fahrgestell Mercedes-Benz Econic 1828 L in Empfang, nachdem es während der Feuerwehrausstellung Interschutz 2000 in Augsburg vorgestellt worden war. Den Aufbau mit integriertem Mannschaftsraum hatte Ziegler gefertigt. Wie aus der Fahrzeugbezeichnung hervorgeht, ist das HLF 24/20/5 mit einer Feuerlöschpumpe FP 24/8 ausgestattet und führt 2000 Liter Wasser sowie 200 Liter Schaummittel mit

108) Eine andere Neuheit erregte auf der Feuerwehrausstellung Interschutz 2000 in Augsburg Aufsehen: Zum ersten Mal hatten zwei deutsche Feuerwehren ein englisches Löschfahrzeug bestellt. Der Dennis „Rapier" besitzt ein niedrig bauendes Spezialfahrgestell aus Edelstahl und einen ebensolchen Aufbau von John Dennis Coachbuilders in Guildford. Infolge des Verzichts auf Allradantrieb und der Ausstattung mit kleineren, einzeln aufgehängten Rädern ergibt sich eine vergleichsweise niedrige Schwerpunkthöhe, die eine gute Straßenlage begünstigt. Zusätzlich zeichnet sich der „Rapier" durch einen niedrigen Einstieg in den Mannschaftsraum und niedrige Geräteentnahmehöhen aus. Der Sechszylinder-Dieselmotor von Cummins leistet 191 kW, das zulässige Gesamtgewicht beträgt 11 940 kg. Die löschtechnischen Einrichtungen entsprechen englischem Standard: eine Feuerlöschpumpe FP 30/10 (mit Hochdruckteil) von Godiva, ein Löschwassertank mit 1500 Litern Wasser und ein Schaummitteltank mit 80 Litern AFFF. Das Bild zeigt das Löschfahrzeug der BF Frankfurt am Main

(109) Die BF Erfurt stellte im Jahr 2000 gleichfalls einen Dennis „Rapier" in Dienst. Das HLF wurde für fünf Jahre geleast. Der Mannschaftsraum ist gegenüber dem Frankfurter „Rapier" verkürzt, die löschtechnischen Einrichtungen sind mit dem Frankfurter HLF fast identisch

(110) Die dritte Karlsruher Generation von HLF 24 hielt 2000 Einzug, intern HLF 2000 genannt. Diesmal wurden voll luftgefederte Scania-Fahrgestelle P 94 D 310 DB (4x2) mit serienmäßiger CrewCab gewählt. Damit verwendete eine deutsche Berufsfeuerwehr zum ersten Mal ein Fahrgestell des schwedischen Lkw-Herstellers zum Bau eines Löschfahrzeuges. Die Leistung des Sechszylinder-Dieselmotors beträgt 228 kW, das zulässige Gesamtgewicht 18000 kg. Die Scheibenbremsen vorn und hinten sind serienmäßig. Der Aufbau besteht aus GfK und wurde von Rosenbauer geliefert. Löschtechnische Einrichtungen: Feuerlöschpumpe N 30, 2000 Liter Wasser. Beschafft wurden zwei HLF 2000

Beliebt und unentbehrlich:

TANKLÖSCHFAHRZEUGE

Tanklöschfahrzeuge dienen aufgrund ihres Löschwasservorrats vornehmlich zur Durchführung von Schnellangriffen bei der Brandbekämpfung und zur Versorgung von Einsatzstellen mit Löschwasser. Man unterscheidet heute drei Typen: TLF 16/24-Tr, TLF 16/25 und TLF 24/50. Bei der Typbezeichnung gibt die erste Zahl, mit 100 multipliziert, den Nennförderstrom der eingebauten (Heck-)pumpe in l/min wieder, die zweite Zahl, mit 100 multipliziert, die nutzbare Mindestwassermenge in Litern an.

Tanklöschfahrzeuge TLF 16/24-Tr

Als Vorläufer sind das TLF 8 und das TLF 8/18 anzusehen, die von 1970 bis 1991 genormt waren. Das TLF 16/24-Tr nach DIN 14530, Teil 22 (Ausgaben August 1991 und März 1995) besitzt einen Löschwassertank von 2400 Litern Inhalt. Die Besatzung ist ein Trupp (1/2 Einsatzkräfte). Das zulässige Gesamtgewicht beträgt 9500 Kilogramm. Antriebsart: Allrad. Fahrgestelle liefern die bekannten Hersteller Iveco, MAN und Mercedes-Benz.

Tanklöschfahrzeuge TLF 16/25

Das TLF 16/25 geht auf das bereits während des Zweiten Weltkriegs entwickelte TLF 15 zurück, das nach dem Krieg bis 1955 noch so benannt war, bis die „Baurichtlinien" des Fachnormenausschuss Feuerlöschwesen (FNFW) die Typbezeichnung TLF 16 einführten.

Das (seit 1991 immer mal wieder totgesagte) TLF 16/25 hatte im 1970 unter DIN 14530, Blatt 20 genormten TLF 16 einen Vorläufer, mit der Folgeausgabe vom Mai 1981 erfolgte die Umbenennung. Seitdem wurde das Normblatt dreimal überarbeitet, das letzte Mal im März 1995. Das Fahrzeug hat einen Löschwassertank von 2400 (+/- 4%) Litern Inhalt. Die Besatzung ist eine Staffel (1/5 Einsatzkräfte). Das zulässige Gesamtgewicht beträgt 12 000 Kilogramm. Antriebsart: wahlweise Straßen- oder Allradantrieb.

Eine bemerkenswerte Aufbauart führte Magirus 1950 mit der so genannten „Omnibusform" ein: Mannschaftskabine und Gerätekoffer verschmolzen zu einer baulichen Einheit. Aus Konkurrenzgründen folgte Metz ebenfalls mit der „Omnibus"-Bauweise. Doch sie setzte sich weder bei Magirus noch bei Metz durch.

In derselben Weise wie bei den Löschgruppenfahrzeugen verlief auch die Weiterentwicklung der Aufbautechnik bei den Tanklöschfahrzeugen, hin zu Ganzstahlaufbauten.

Fahrgestelle lieferten nach dem Krieg Magirus-Deutz, MAN und Mercedes-Benz, im Saarland vereinzelt auch Latil und Unic. Metz baute 1957 einige TLF 16 auf Latil-Fahrgestellen.

Tanklöschfahrzeuge TLF 16 (T)

In den fünfziger Jahren waren Tanklöschfahrzeuge mit Truppbesatzung (1/2 Einsatzkräfte) und einem 2800 Liter fassenden Löschwassertank besonders in Niedersachsen (hohe Waldbrandgefahr!) sehr verbreitet. In der Baurichtlinie des FNFW vom Mai 1955 und zuletzt vom Juli 1962 waren die technischen Anforderungen festgelegt. Verwendet wurden Allradfahrgestelle von Magirus-Deutz und Mercedes-Benz.

Tanklöschfahrzeuge TLF 24/50

Das TLF 24/50 ist aufgrund seiner mitgeführten Löschmittelmengen besonders zur Brandbekämpfung auf Fernstraßen geeignet. Es wurde im Februar 1978 erstmals genormt (DIN 14530, Teil 21) und seitdem nur einmal, im September 1989, normmäßig überarbeitet. Es besitzt eine Feuerlöschpumpe FP 24/8, führt 4800 Liter Wasser und 500 Liter

1950 bis 1960

(111) **Das Tanklöschfahrzeug des Typs TLF 8 war eine Neuentwicklung nach dem Zweiten Weltkrieg. Der Löschwassertank fasste 1800 Liter (bei Allradantrieb) bis 2100 Liter (bei Straßenantrieb). Für die FF Heemsen baute Ziegler 1959 dieses TLF 8 auf dem Fahrgestell Borgward B 522 A-O (Allrad)**

(112) In den fünfziger Jahren bauten vor allem Magirus und Metz Tanklöschfahrzeuge des Typs TLF 15, für die es einen großen Bedarf gab. Die BF Salzgitter beschaffte 1950 von Metz dieses TLF 15 auf dem Fahrgestell Mercedes-Benz LA 3500. Die Heckansicht zeigt deutlich, dass die Feuerlöschpumpe und die Schnellangriffs-Haspel nicht im geschlossenen Aufbau untergebracht waren, ein Relikt aus der Kriegszeit. Die Frostgefahr wurde anscheinend als gering erachtet!

(113) Die Feuerwehrgerätefabrik Heines-Wuppertal in Gruiten lieferte in den fünfziger und frühen sechziger Jahren neben Löschgruppenfahrzeugen auch Tanklöschfahrzeuge auf Mercedes-Benz-Fahrgestellen. Dieses TLF 15 ließ die FF Hüls auf dem Fahrgestelltyp L 3500 bauen

(114) Eine Rarität dürfte dieses TLF 16 des Landkreises Heidelberg sein, das Bachert auf dem Fahrgestell Borgward B 4500 A (Allrad) Ende der fünfziger Jahre baute. Bemerkenswert sind die Rolläden, die zur damaligen Zeit noch nicht allgemein üblich waren

Schaummittel mit und hat eine Truppbesatzung (1/2 Einsatzkräfte). Das zulässige Gesamtgewicht beträgt 17 000 Kilogramm. Antriebsart: wahlweise Straßen- oder Allradantrieb.

Fahrgestelle liefern Iveco, MAN und Mercedes-Benz in der 16- bis 18-Tonnen-Klasse. Bei den Aufbauten vollzog sich seit 1978 ein Wandel. Der Löschwassertank (in den der Schaummitteltank eingelassen ist) bestand anfangs aus Stahlblech und bildete gleichzeitig die Außenhaut des Aufbaus, später wurden die Tanks aus glasfaserverstärktem Kunststoff (GfK) hergestellt, heute auch teilweise aus Aluminium. Bemerkenswert ist, dass einige Feuerwehren zusätzlich eine Pulverlöschanlage mit 250 oder 750 Kilogramm Löschpulver einbauen lassen.

Eine der ersten TLF 24/50 besaßen – noch bevor es eine Norm gab – die FF Ingolstadt und die FF Böblingen. Das Ingolstädter TLF 24/50 baute Bachert 1974 auf dem Fahrgestell Mercedes-Benz LAK 1924. Das Böblinger TLF 24/50 wurde 1976 von Ziegler auf dem Fahrgestell Mercedes-Benz 1719 gebaut und war bis 2001 dort im Dienst, bevor es an eine portugiesische Feuerwehr abgegeben wurde.

Trocken-Tanklöschfahrzeuge TroTLF 16

Von 1971 bis 1991 war das Trocken-Tanklöschfahrzeug TroTLF 16 genormt (DIN 14530, Blatt 28 bzw. Teil 28), eine erweiterte Variante des TLF 16, das zusätzlich eine Pulverlöschanlage mit 750 Kilogramm Löschpulver besaß. Die ersten TroTLF 16, die Magirus schon 1961 für die BF München baute, hießen noch TLF 16/P 750. Sie waren auf Rundhauber-Fahrgestellen F Mercur 145 A aufgebaut. Ab 1962 wurden nach und nach alle Münchner Feuerwachen mit TroTLF 16 ausgestattet. Die BF Frankfurt am Main erhielt 1965 ihr erstes TroTLF 16 von Magirus, hier auf F Magirus 150 D 11 A. In Frankfurt hießen sie übrigens „TROWA" (Trocken-Wasser). Der Hersteller Metz lieferte 1966 sein erstes TroTLF 16 an die BF Oldenburg auf dem Fahrgestell Mercedes-Benz LF 1113/42. Obwohl die Norm 1991 zurückgezogen wurde, bestellen einige Feuerwehren weiterhin Trocken-Tanklöschfahrzeuge.

Tanklöschfahrzeuge TLF 16/45-W

Das waldreiche Land Brandenburg führte 1992 den speziell für die Waldbrandbekämpfung vorgesehenen Typ TLF 16/45-W (Wald) ein, ein dem genormten TLF 24/50 ähnliches Fahrzeug, jedoch mit einem zulässigen Gesamtgewicht von 12 000 bis 12 500 Kilogramm und auf allradangetriebenen, einzelbereiften Fahrgestellen. Der Löschwasservorrat beträgt mindestens 4500 Liter, Schaummittel sind nicht vorhanden. Das Land Sachsen schloss sich 1993 mit einer entsprechenden technischen Richtlinie an. Auch in Mecklenburg-Vorpommern und Sachsen-Anhalt wurden TLF 16/45-W beschafft, ohne dass es jedoch eine eigene Baurichtlinie gab. Die Fahrgestelle stammen von Iveco Magirus, MAN oder Mercedes-Benz.

Sonstige Tanklöschfahrzeuge

Löschgruppenfahrzeuge LF 16/12 und Tanklöschfahrzeuge TLF 16/25 nähern sich in ihrer Ausrüstung und Ausstattung immer mehr einander an. Das wird zum Beispiel an der Baurichtlinie „Hilfeleistungs-Tanklöschfahrzeuge HTLF 16/20" des hessischen Innenministeriums vom Mai 2000 deutlich. Die technischen Merkmale sind im Wesentlichen: Feuerlöschpumpe FP 16/8, Löschwassertank von mindestens 2000, maximal 2400 Litern Inhalt, Seilwinde 50 Kilonewton und eine erweiterte technische Beladung. Das zulässige Gesamtgewicht beträgt 13 500 Kilogramm. Verschiedene Aufbauhersteller wie Lentner, Schlingmann und Ziegler haben bisher HTLF 16/20 gebaut.

(115) **Seit den fünfziger Jahren bot Magirus Tanklöschfahrzeuge TLF 15 in der so genannten „Omnibusform" an, die dem Fahrzeug nach Ansicht der Firma ein elegantes Aussehen verlieh. Die Omnibusform vereinte Mannschaftskabine und Geräteaufbau in einem geschlossenen Baukörper. Die übliche Dachbeladung entfiel**

(116) **Metz musste aus Konkurrenzgründen ebenfalls Tanklöschfahrzeuge in „Omnibusform" anbieten. Dieses TLF 15 baute Metz 1950 auf dem Fahrgestell Mercedes-Benz LAF 3500 für die FF Reinbek, die es nach gründlicher Überholung bis heute bewahrt hat**

(117) **Noch 1960 erwarb die BF Wuppertal ein TLF 16 in „Omnibusform". Magirus baute es auf dem Rundhauber-Fahrgestell Magirus-Deutz Mercur 125. Auch dieses TLF 16 ist erhalten geblieben. Diese Aufnahme entstand bei einem Oldtimertreffen 1998**

(118) Ein typisches Tanklöschfahrzeug TLF 16 (T), also mit Truppbesatzung, wie sie in Niedersachsen sehr verbreitet waren, ist dieses Fahrzeug der FF Nienburg/Weser, die es 1958 in Dienst nahm. Metz baute es auf dem Fahrgestell Mercedes-Benz LAF 311 auf. Der Löschwassertank fasste 2800 Liter

(119) Magirus-Tanklöschfahrzeuge TLF 15 bzw. TLF 16 auf dem Rundhauber-Fahrgestell F Mercur 125 A waren in den fünfziger Jahren sehr beliebt. Dieses TLF 16 erhielt die FF Wedel 1958

Links: (120) Wie bei den Löschgruppenfahrzeugen LF 16 wurden auch für die Hamburger Tanklöschfahrzeuge TLF 16 in der Nachkriegszeit ausschließlich Pullman-Fahrgestelle von Mercedes-Benz verwendet. Dieses TLF 16 baute die Feuerwehrgerätefabrik Gebr. Bachert 1960 für die BF Hamburg auf dem Typ LPF 311/36. Bis 1968 folgten 20 weitere Pullman-TLF. Typisch für Hamburger Einsatzfahrzeuge waren die Auer-Kennleuchten

Rechts: (121) Noch vor der Hamburger Feuerwehr konnte die BF Neumünster 1957 ein TLF 16 auf Pullman-Fahrgestell, Typ Mercedes-Benz LPF 311/36, in Dienst stellen. Den Aufbau stellte Metz her

1961 bis 1970

(122) Auf dem Frontlenker-Fahrgestell Mercedes-Benz LP 811 baute Schlingmann 1970 dieses TLF 8, das an der Feuerwehrtechnischen Zentrale des Landkreises Oldenburg stationiert war

(123) Ein typischer Vertreter der TLF 16 auf dem Magirus-Eckhauber ist dieses TLF 16 der FF Niendorf/Ostsee von 1964. Fahrgestell: Magirus-Deutz F Mercur 150 A. Leistung des luftgekühlten V6-Dieselmotors von KHD: 150 PS

Links: (124) Ebenfalls ein typischer Vertreter der TLF 16 (T) auf dem Magirus-Eckhauber ist dieses TLF 16 (T) der FF Winsen/Luhe von 1966. Fahrgestell: Magirus-Deutz F 150 D 10 A. Der luftgekühlte V6-Dieselmotor von KHD leistete 150 PS. Die TLF 16 mit Truppbesatzung und einem Löschwasservorrat von 2800 Litern waren insbesondere in Niedersachsen sehr verbreitet
Rechts: (125) Was der Eckhauber bei Magirus war der Kurzhauber für Mercedes, könnte man sagen. Dieses TLF 16 lieferte Metz 1961 auf dem Allrad-Fahrgestell Mercedes-Benz LAF 322/36 an die BF Karlsruhe. Bemerkenswert sind die Rollläden an den Geräteräumen. Wie Hamburg verwendete auch Karlsruhe seinerzeit Auer-Leuchten

(126) Die BF München war Vorreiterin in der Ausstattung mit Trocken-Tanklöschfahrzeugen TroTLF 16, noch bevor dieser Typ 1971 genormt wurde. Die ersten vier, zunächst noch TLF 16/P 750 genannten Fahrzeuge gingen 1962 in Dienst. Magirus hatte sie auf Rundhauber-Fahrgestellen F Magirus 145 A gebaut. Der Löschwassertank fasste 1500 Liter (spätere Fahrzeuge: 1600 Liter), die Pulverlöschanlage PLA 750 stammte von Total

Links: (127) Die BF Frankfurt am Main beschaffte ab 1965 Trocken-Tanklöschfahrzeuge TroTLF 16 von Magirus und nannte sie wegen besserer akustischer Verständlichkeit im Funksprechverkehr „TROWA" (Trocken-Wasser). Sie wurden auf den Eckhauber-Fahrgestellen Magirus-Deutz 150 D 11 A gebaut. Leistung des luftgekühlten V6-Dieselmotors von KHD: 150 PS

Rechts: (128) Wie für ihre Löschgruppenfahrzeuge, so bevorzugte die BF Kassel auch für Tanklöschfahrzeuge Henschel-Fahrgestelle. Dieses TLF 16 baute Metz 1960. Der Fahrgestelltyp ist HS 100 A (Allrad). Das TLF 16 ist erfreulicherweise erhalten geblieben und wird vom Feuerwehrverein Kassel e.V. betreut

(129) Auch ein TroTLF 16 baute Metz 1963 auf dem Haubenfahrgestell Henschel HS 100 für die BF Kassel. Dieses TroTLF 16 ist ebenfalls als Museumsfahrzeug erhalten geblieben

1971 bis 1980

(130) Für die FF Uetersen baute Bachert 1972 ein TLF 16 auf dem Fahrgestell Mercedes-Benz LAF 1113 B, das bereits über (rot lackierte) Rolläden verfügte

(131) Das Tanklöschfahrzeug TLF 24/50 ist zwar erst seit 1978 genormt. Doch gab es schon vorher mehrere TLF 24/50. Eines der Ersten erhielt bereits 1974 die FF Ingolstadt (seit 1993 Berufsfeuerwehr) von der Firma Bachert. Ebenfalls von Bachert stammt das hier gezeigte TLF 24/50 der FF Düren, das 1976 auf dem Fahrgestell Mercedes-Benz LAK 1924/42 gefertigt wurde

1981 bis 1990

(132) Bei den Freiwilligen Feuerwehren von Lübeck wurden in den achtziger Jahren mehrere TLF 8/12 mit Staffelbesatzung auf Mercedes-Benz Unimog-Fahrgestellen in Dienst gestellt. Dieses bei der FF Lübeck-Genin stationierte TLF 8/12-St baute Metz 1988 auf dem Mercedes-Benz U 1300 L

(133) Eines der gängigen Fahrgestelle bei Magirus in den achtziger und neunziger Jahren war der Frontlenker Iveco-Magirus 120-23, wie er hier für das TLF 16/25 der FF Niendorf/Ostsee 1990 verwendet wurde

(134) Ein TLF 24/50 baute Magirus 1989 für die FF Celle auf dem Frontlenker-Fahrgestell Iveco-Magirus 160-30 AHW

(135) 1986 versuchte Rosenbauer, mit einem andersartigen technischen Konzept für Tanklöschfahrzeuge auf den Markt zu kommen. Der „Falcon" basierte auf keinem serienmäßigen, sondern auf einem Spezial-Fahrgestell von Titan mit Allradantrieb und Scheibenbremsen. Der Mercedes-Benz-Dieselmotor, Leistung 206 kW, war im Heck, die Feuerlöschpumpe einschließlich Bedienungstafel dagegen vorne eingebaut. Auch äußerlich zeigte sich der Aufbau, der weitgehend aus Leichtmetall bestand, in ungewohnter (kantiger) Form. Einmal mehr trat die BF Frankfurt am Main als Pionier auf und kaufte 1987 den ersten „Falcon", und zwar in der Version Trocken-Tanklöschfahrzeug. Die löschtechnische Ausstattung umfasste eine Feuerlöschpumpe R 280, 2200 Liter Löschwasser, 300 Liter Schaummittel und eine Pulverlöschanlage PLA 250. Nachdem der „Falcon" bei der BF ausgemustert worden war, wurde er Mitte 2002 der Jugendfeuerwehr Frankfurt zugewiesen

(136) Die BF Offenbach nahm ebenfalls 1987 einen „Falcon" in Dienst. Dieser hatte eine andere Kombination von Löschmitteln als in Frankfurt: 3000 Liter Löschwasser und 200 Liter Schaummittel. Der Offenbacher „Falcon" wurde 1996 an den Flughafen Baden Airport verkauft. Weitere Falcons erhielten in Deutschland die FF Düren und die WF Schering in Bergkamen (Übernahme von der Feuerwehr Zürich)

(137) Außer den Löschgruppenfahrzeugen (siehe Nr. 067) wurden auch Tanklöschfahrzeuge TLF 16/25 von Metz im GST-Design gebaut. Das erste TLF 16/25 nahm die FF Dreieich-Sprendlingen 1988 in Dienst. Das Fahrgestell stammte von Mercedes-Benz, Typ 1120 AF

1991 bis 2000

(138) Die Fahrgestelle der 1984 eingeführten „Leichten Klasse" von Mercedes-Benz sind vor allem für LF 16/12 und TLF 16/25 geeignet. Hier das LF 16/12 der FF Baden-Baden auf dem Fahrgestelltyp 1120 F mit Aufbau von Ziegler, Baujahr 1993

(139) Das 1991 neu in die Reihe der genormten Tanklöschfahrzeuge aufgenommene TLF 16/24-Tr ist inzwischen weit verbreitet. Für die FF Münster/Hessen baute FGL (Feuerlöschgerätewerk Luckenwalde) 1993 dieses 16/24-Tr auf dem Fahrgestell Mercedes-Benz Atego 917 AF

(140) Vier verschiedene Löschmittel haben die beiden Pulver-Tanklöschfahrzeuge P-TLF 60/40/40/30-K an Bord, die die WF Merck, Darmstadt, 1993 in Dienst nahm: 4000 Liter Wasser, 4000 Liter Schaummittel (AFFF), 3000 kg Löschpulver (PLA 3000 von Total) und 2 x 150 kg Kohlensäure. Das alles ist auf Fahrgestellen Mercedes-Benz 3535 (8x4/4) untergebracht, die zwei gelenkte Vorderachsen und eine gelenkte Nachlaufachse besitzen. Den Mannschaftsraum integrierte Rosenbauer im Aufbau. Die Feuerlöschpumpe R 600 fördert 6000 l/min bei 10 bar. Die Löschmittel können über sieben Schnellangriffseinrichtungen (3 x Wasser, 2 x Pulver, 2 x Kohlensäure), zwei Schaum-/Wasserwerfer und einen Pulverwerfer abgegeben werden. Fest eingebaut sind ein 8-kVA-Generator und ein Lichtmast mit vier Flutlichtstrahlern zu je 1000 W. Die Leitergerüste auf dem Dach werden elektro-mechanisch betätigt. Solch eine geballte Löschkraft auf einem Großtanklöschfahrzeug ist selten! Das ungewöhnliche Aussehen, hervorgerufen durch die vorgesetzte Kabine und die beachtliche Fahrzeuglänge von 11,40 m, brachte den P-TLF in Feuerwehrkreisen den Spitznamen „Leguan" ein

(141) Die MAN-Frontlenker der Baureihe M 90 werden bei den Feuerwehren für die 12-Tonnen-Klasse verwendet. Hier das TLF 16/25 der FF Bad Herrenalb auf dem Fahrgestelltyp 12.232 FA-LF mit Aufbau von Ziegler, Baujahr 1994

(142) Die Firma Doll Fahrzeugbau in Oppenau, die die Produktion von Feuerwehrfahrzeugen nur kurze Zeit bis 1997 betrieb, baute nur zwei TLF 24/50. Das Erste beschaffte die FF Fulda 1996 auf dem Fahrgestell MAN 19.342 FAK

Links: (143) Die FF Bütlingen entschied sich bei ihrem 1996 ausgelieferten 16/24-Tr für das Fahrgestell Iveco FF 95 E 16 und einen Magirus-Aufbau

Rechts: (144) Ein besonderes Tanklöschfahrzeug gab die FF Sindelfingen 1996 bei Rosenbauer in Auftrag: ihr TLF 30/30 (auch unter der Typbezeichnung LF 16/30-2 geführt) besitzt eine Feuerlöschpumpe NH 30 (Normaldruck/Hochdruck), einen Löschwassertank mit 3000 Litern Inhalt, einen Schaummitteltank mit 185 Litern Inhalt, einen Wasserwerfer und einen Lichtmast. Das Fahrgestell Mercedes-Benz 1234 AF erhielt einen AT-Aufbau (Aluminium-Technologie)

(145) Für die BF Schwerin baute GFT 1996 dieses TLF 24/50 auf dem Fahrgestell Mercedes-Benz 1831 AK

Links: (146) 1997 stellte die BF Herne ein TLF 24/50 in Dienst, das von Magirus auf dem Fahrgestell Iveco-Magirus 190 E 34 AW aufgebaut wurde. Die bekannte Vorliebe der Herner für die Farbe „Gelb" drückt sich auch in der gelben Lackierung von Kotflügeln, vorderem Stoßfänger und Rückspiegeln aus!
Rechts: (147) Das erste TLF 24/50 auf dem Fahrgestell Mercedes-Benz Atego 1828 AK aus dem Hause Schlingmann erhielt die BF Koblenz im Jahre 2000. Es handelt sich um ein Vorführfahrzeug von 1999

Links: (148) Das 16/24-Tr der FF Düsseldorf-Angermund wurde von Ziegler 2000 auf dem Fahrgestell Mercedes-Benz Atego 917 AF gebaut. Es ist, wie alle neuen Düsseldorfer Einsatzfahrzeuge, ein „Folienauto"
Rechts: (149) Ein spezielles Waldbrand-Tanklöschfahrzeug wird sowohl im Land Brandenburg als auch in Rheinland-Pfalz, Sachsen und Sachsen-Anhalt beschafft. Dieses TLF 16/45 W lieferte Ziegler 1995 an die FF Pulsnitz/Sachsen. Fahrgestell ist ein Mercedes-Benz, Typ 1124 AF

(150) Das TLF 16/45 W der FF Vogelsdorf/Brandenburg baute FBH (Fahrzeugbau Holzminden) 1996 auf dem Fahrgestell MAN 12.232 FA

(151) Die „Leichte Nutzfahrzeug"-Baureihe (LN 2) von Mercedes-Benz wurde auch bei den Tanklöschfahrzeugen häufig verwendet. Hier das TLF 16/25 der FF Hattersheim auf dem Fahrgestell 1124 AF mit Aufbau von Metz, Baujahr 1999

(152) Schmitz/Siegen stellte 1995 seine Eigenentwicklung eines Kleintanklöschfahrzeugs (KTLF) „Futura" vor. Eines der ersten Fahrzeuge erwarb 1999 die FF Steinfurt. Fahrgestell ist ein MAN 8.163 LC. Das KTLF ist mit einer Feuerlöschpumpe FP 10/10 von Hale, einer Druckluftschaumanlage „One Seven", einem 1000 Liter fassenden Löschwassertank und einem 60-Liter-Schaummitteltank ausgestattet

(153) Die Werkfeuerwehr BASF in Ludwigshafen überraschte bei der Feuerwehrausstellung Interschutz im Jahre 2000 mit einem „Niederflur-Tanklöschfahrzeug" NTLF 50/10/20. Das neue Mercedes-Benz-Frontlenkerfahrgestell „Econic", speziell für den Kommunalfahrzeugsektor entwickelt, macht eine unübertroffen niedrige Einstiegshöhe möglich. Abgesehen von den im selben Jahr für die BF Hannover gebauten fünf Hilfeleistungs-Löschfahrzeugen (siehe Nr. 106), war es das erste Mal, dass ein Fahrgestell vom Typ Econic 1828 L zum Bau eines Löschfahrzeugs verwendet wurde. Den Aufbau fertigte Fahrzeugbau Zikun in Riegel. Die mitgeführten Löschmittelmengen betragen 1000 Liter Wasser und 2000 Liter Schaummittel, die Feuerlöschpumpe R 500-LM (FP 50/10) stellte Rosenbauer bei. Die seitlichen Geräteräume sind durch Swingbord-Klappen zugänglich

Links: (154) Das erste TLF 16/25 mit Metz-AS-Aufbau (Aluminium-Stahl) erhielt 2000 die FF Schwangau. Es wurde auf dem Fahrgestell Mercedes-Benz Atego 1225 AF gebaut. Die Mannschaftskabine ist in den Gerätekoffer integriert. Auf dem Foto ist im Hintergrund das bekannte Schloss Neuschwanstein zu erkennen
Rechts: (155) Im Mai 2000 erließ das hessische Innenministerium die Baurichtlinie „Hilfeleistungs-Tanklöschfahrzeuge HTLF 16/20". Es verfügt über eine Feuerlöschpumpe FP 16/8, einen Löschwassertank von mindestens 2000, maximal 2400 Litern Inhalt, eine Seilwinde mit einer Zugkraft von 50 kN und eine erweiterte technische Beladung. Sein erstes HTLF 16/20 baute Lentner 2000 für FF Hungen. Fahrgestell ist der Mercedes-Benz Atego 1325 AF

Viel Wasser an Bord: GROSSTANKLÖSCHFAHRZEUGE

Die größte Löschwassermenge der genormten Tanklöschfahrzeuge führen die TLF 24/50 mit: zirka 4800 Liter. Manche Feuerwehren sind aufgrund örtlicher Verhältnisse gezwungen, beträchtlich größere Löschwassermengen mobil vorzuhalten. Hauptgrund sind ausgedehnte Wald- und Heidegebiete, in denen die Löschwasserversorgung mangelhaft ist oder gänzlich fehlt.

Eine Spitzenstellung auf dem Gebiet der Großtanklöschfahrzeuge (GTLF) nimmt die BF Frankfurt am Main seit den sechziger Jahren ein. Keine andere Feuerwehr besaß bzw. besitzt so viele Typen von GTLF. Die mitgeführten Löschwassermengen reichen von 6000, 10 000, 12 000 und 18 000 bis hin zu 24 000 Litern. Die ersten GTLF 6 wurden 1967 auf den Magirus-Eckhaubern gebaut, die zweite Generation ab 1977 auf Magirus-Deutz-Frontlenkern, die dritte Generation ab 1982 auf den Frontlenkern von Iveco-Magirus und Mercedes-Benz.

Zweimal wurden Großtanklöschfahrzeuge als Sattelzüge beschafft: 1963 ein GTLF 12 (12 000 Liter Wasser, 1200 Liter Schaummittel) mit einer Zugmaschine KHD Jupiter AS und 1971 ein GTLF 24 (4 x 6000 Liter Wasser, 1000 Liter Schaummittel) mit MAN 19.304 DFS als Zugmaschine. Einmalig in Deutschland war das GTLF 18 auf dem Faun-Fahrgestell LF 1412.57 V (8x8) mit zwei Fahrerhäusern, um Wenden und Rückwärtsfahren zu vermeiden. Wie die Flugplatzlöschfahrzeuge FLF 20000 (später in GFLF 6/18 umbenannt) des Flughafens Frankfurt-Main führte das GTLF 18 der Berufsfeuerwehr 18 000 Liter Wasser und 1800 Liter Schaummittel mit. Außerdem wurden 1984 und 1994 je ein GTLF 10 mit 9000 Litern Wasser und 1000 Litern Schaummittel in Dienst gestellt.

Schon 1961 ließ sich die WF Hoechst ebenfalls ein GTLF als Sattelzug mit Tankauflieger (12 000 Liter Wasser und 1800 Liter Schaummittel) von Magirus bauen, das sie in Anlehnung an die Flugzeugbranche als FLF 25/200 bezeichnete.

Die BF Duisburg beschaffte seit 1972 eine Anzahl von GTLF. 1972 und 1974 wurde je ein GTLF 8000 auf dreiachsigen Fahrgestellen von

(157) **Im Land Hessen wurden in den siebziger Jahren für Freiwillige Feuerwehren zahlreiche Zubringer-Löschfahrzeuge ZB 6/24 auf Fahrgestell Magirus-Deutz FM 200 D 16 beschafft. Der Löschwassertank fasste 5500 Liter, der Schaummitteltank 500 Liter. Von diesen sehr robusten ZB 6/24 erhielten sich einige sogar noch bis nach dem Jahr 2000. Die FF Grünberg, wo diese Aufnahme 2004 entstand, behielt bisher ihr ausgemustertes ZB 6/24 aus dem Jahr 1976**

(158) **1971 und 1974 beschaffte die BF München je zwei Zubringer-Löschfahrzeuge ZB 6/24 von Magirus. Die Fahrgestelle waren ebenfalls vom Typ Magirus-Deutz FM 200 D 16 A. Die Löschmittelmengen betrugen 5500 Liter Wasser und 500 Liter Schaummittel. Das Bild zeigt eines der beiden ZB 6/24 aus dem Jahr 1971**

Mercedes-Benz in Dienst gestellt. Es folgten von 1975 bis 1984 acht GTLF 5000 H (H = Hilfeleistung), die 1987 in HLF 24/50 umbenannt wurden.

Bei zahlreichen hessischen Freiwilligen Feuerwehren wurden von 1972 bis 1976 Zubringer-Löschfahrzeuge von Magirus vom Typ ZB 6/24 in Dienst gestellt. Sie waren auf den Eckhauber-Fahrgestellen FM 200 D 16 A aufgebaut und führten 5500 Liter Wasser und 500 Liter Schaummitteln mit.

Im waldreichen, häufig von Wald- und Buschbränden bedrohten Land Brandenburg gibt es drei nicht alltägliche Großtanklöschfahrzeuge. Die Landesfeuerwehrschule von Brandenburg in Eisenhüttenstadt und die FF Schwedt nutzten einen ehemaligen NVA-Tankwagen aus dem Jahr 1987 auf Tatra T 815 zum Umbau als GTLF 18000. Die FF Birkenwerder ließ sich 1997 von Rosenbauer ein GTLF 6000 auf dem Scania-Fahrgestell P 93 HK (4x4) bauen. Die FF Neuruppin beschaffte 2001 mit Landeshilfe ein GTLF 24/100/5 auf dem dreiachsigen MAN-Fahrgestell 33.364 (6x6). Den Aufbau mit den 10 000 Liter Wasser und 500 Liter Schaummittel fassenden Tanks erstellte die Firma Ziegler.

(156) **Die Zubringer-Löschfahrzeuge ZB 6/24, die Magirus in den sechziger Jahren für Flugplatzfeuerwehren entwickelt hatte, wurden in den siebziger Jahren auch von einigen kommunalen Feuerwehren beschafft. Die ZB 6/24 verfügten über eine Feuerlöschpumpe FP 24/8 und führten 5500 Liter Wasser sowie 500 Liter Schaummittel mit. Es wurden die Eckhauber-Fahrgestelle des Typs Magirus-Deutz FM 200 D 16 A verwendet. Aus den ZB 6/24 entwickelten sich die GTLF 6 der BF Frankfurt am Main mit 6000 Litern Löschwasser und 500 Litern Schaummittel. Das Bild zeigt eines der beiden Frankfurter GTLF 6 aus dem Jahr 1967**

(159) Die BF Duisburg führte in den siebziger Jahren Großtanklöschfahrzeuge ein. Es begann 1972 mit einem GTLF 8000 auf dem Frontlenker-Fahrgestell Mercedes-Benz LPK 2232 (6x4) mit Metz-Aufbau. Es hatte 8000 Liter Wasser und 1000 Liter Schaummittel an Bord. Die Feuerlöschpumpe war eine FP 32/8 von Metz

Links: (160) Das 1974 beschaffte zweite GTLF 8000 der BF Duisburg war insofern einzigartig, als das Fahrgestell Mercedes-Benz 2632 AK (6x6) noch die Henschel-Kabine besaß, aber am Kühler natürlich mit dem Mercedes-Stern geschmückt war. Der Aufbau stammte wiederum von Metz, die mitgeführten Löschmittel betrugen hier nur 7200 Liter Wasser und 750 Liter Schaummittel. Dieses GTLF 8000 wurde 1994 nach Südamerika verkauft
Rechts: (161) Nachdem die BF Frankfurt am Main 1982 erstmals ein GTLF 6 von Rosenbauer, und zwar auf dem Fahrgestell Magirus-Deutz 232 D 17 FA, beschafft hatte, bestellte sie 1984 ein weiteres GTLF 6 von Rosenbauer, diesmal auf dem Fahrgestell Mercedes-Benz 1928 AK. Die Tanks faßten 5500 Liter Wasser und 500 Liter Schaummittel, die Rosenbauer-Pumpe R 280 besaß ein Hochdruckteil

(162) 1986 wechselte die BF Frankfurt am Main bei der Beschaffung eines weiteren GTLF 6 zu Ziegler. Fahrgestell war wiederum ein Mercedes-Benz 1928 AK. Die mitgeführten Löschmittelmengen betrugen 5000 Liter Wasser und 500 Liter Schaummittel, die Ziegler-Pumpe FP 24/8 besaß ebenfalls ein Hochdruckteil

(163) Auf einigen wenigen Flughäfen gab es bereits von Magirus gebaute große Wasserzubringerfahrzeuge in Sattelzugbauart. Nach diesem Vorbild legte sich die Werkfeuerwehr Hoechst in Frankfurt 1961 ein FLF 25/200 (auch unter der Bezeichnung FLF 24 S bekannt) zu. Auf dem zweiachsigen Auflieger von Kässbohrer waren Tanks mit 12 000 Liter Wasser und 1200 Liter Schaummittel gelagert. Das FLF besaß eine Feuerlöschpumpe FP 16/8 S und einen Wasserwerfer. Die Zugmaschine war ein Magirus-Deutz Jupiter 170 A-S, deren luftgekühlter Deutz-V8-Dieselmotor 170 PS leistete. Das Bild entstand 1995

Links: (164) Nach dem Muster des FLF 25/200 der WF Hoechst beschaffte die BF Frankfurt am Main 1963 ein GTLF 12 in Sattelzugbauweise. Auf dem zweiachsigen Auflieger von Kässbohrer waren ein Tank mit 12 000 Litern Wasser und auf dem Dach ein Tank mit 1200 Liter Schaummittel gelagert. Die Zugmaschine war wiederum ein Magirus-Deutz Jupiter 170 A-S. An Feuerlöscheinrichtungen waren vorhanden: Feuerlöschpumpe FP 16/8 S, Schnellangriffseinrichtung und Schaum-/Wasserwerfer von Alco. Das zulässige Gesamtgewicht betrug 27 750 kg. 1976 wurde das GTLF 16 stillgelegt

Rechts: (165) 1971 stellte die BF Frankfurt am Main ein noch größeres Großtanklöschfahrzeug in Dienst: das GTLF 24 besaß einen Tank mit vier Kammern zu je 6000 Litern Inhalt und außerdem einen 1000 Liter fassenden Schaummitteltank. Ziegler lieferte die Löschtechnik wie die Feuerlöschpumpe FP 24/8, die beiden Schnellangriffseinrichtungen und den Schaum-/Wasserwerfer von Alco. Um das GTLF 24 vielseitiger einsetzen zu können, waren seine vier Kammern auch zur Aufnahme von brennbaren Flüssigkeiten vorgesehen. Der dreiachsige Sattelauflieger von Stadler wurde von einer Zugmaschine MAN 19.304 DFS gezogen. Das zulässige Gesamtgewicht betrug 38 000 kg. Das Frankfurter GTLF war zu seiner Zeit das größte in Deutschland. Im Juni 1992 wurde es nach mehr als 20 Dienstjahren ausgesondert

(166) Nur ein Jahr nach der Indienststellung des GTLF 24 erhielt die BF Frankfurt ein weiteres außergewöhnliches Großtanklöschfahrzeug: das GTLF 18 mit zwei Fahrerhäusern. Aufgabengebiete waren nicht nur die Bekämpfung von Waldbränden (wie die GTLF 12 und GTLF 24), sondern auch die Flugzeugbrandbekämpfung. Es war daher in Anlehnung an die beiden GTLF des Frankfurter Flughafens von Magirus gebaut worden, besaß jedoch je einen vollwertigen Fahrstand vorn und hinten, um dem Fahrer das Wenden und Rückwärtsfahren zu ersparen. Das Fahrgestell war ein Faun LF 1412 V (8x8). Die beiden Deutz-Dieselmotoren hatten eine Leistung von je 500 PS. 18 000 Liter Wasser und 1800 Liter Schaummittel fassten die Tanks, auf dem Dach waren zwei Schaum-/Wasserwerfer angeordnet. Wegen des hohen Gesamtgewichts von 52 000 kg waren nicht alle Straßen und Brücken im Großraum Frankfurt befahrbar. Anfang der achtziger Jahre wurde das GTLF 18 außer Dienst gestellt und danach wegen seiner Einzigartigkeit dem Deutschen Feuerwehr-Museum in Fulda übereignet. Dort stand es als Blickfang vor dem Eingang, bis es schließlich 1998 wegen fortschreitenden Durchrostungen leider den Weg zur Verschrottung antreten musste

61

Links: (167) Ihr erstes GTLF 10 beschaffte die BF Frankfurt am Main 1984 von Rosenbauer auf dem Fahrgestell Mercedes-Benz 2636 A (6x4). Die Tanks fassten 9000 Liter Wasser und 1000 Liter Schaummittel. Die Rosenbauer-Pumpe R 280 besaß ein Hochdruckteil
Rechts: (168) Als Ersatz für ihr GTLF 10 von 1984 erhielt die BF Frankfurt am Main 1994 ein GTLF 10 auf dem Fahrgestell Iveco-Magirus 260-34 AHW mit Magirus-Aufbau. Die mitgeführten Löschmittelmengen betrugen wie beim Vorgänger 9000 Liter Wasser und 1000 Liter Schaummittel. Die Feuerlöschpumpe von Magirus ist eine FP 24/8 (ohne Hochdruckteil)

(169) Das eher als Kur- und Kongressstadt bekannte Wiesbaden besitzt auch ausgedehnte Industrieareale. Zu deren Risikoabdeckung beschaffte die BF Wiesbaden 1990 zwei besondere Großtanklöschfahrzeuge, Typ TLF 40/100/20, bei Ziegler. Als Fahrgestelle wurden Mercedes-Benz 2628 (6x4) gewählt. Die TLF besaßen Feuerlöschpumpen FP 40/8-2 H mit Pumpenvormischern und Dach-Wasserwerfer. Die mitgeführten Löschmittel betrugen 10 000 Liter Wasser und 2000 Liter Schaummittel

(170) Ein Tanklöschfahrzeug besonderer Art stellt der so genannte Löscharm LA 300 der WF Bayer in Brunsbüttel dar. Er transportiert kein Wasser, sondern 4000 Liter Schaummittel, das über eine Schaumpumpe mit separatem Motorantrieb dem eingespeisten Löschwasser zugemischt wird. Der dreiteilige Löscharm stammt von der Firma Putzmeister in Aichtal (bekannt von den Betonpumpenfahrzeugen) und kann eine Höhe von 30 m erreichen. Bachert lieferte den LA 300 im Jahr 1984 auf dem Fahrgestell MAN 30.365 VF (8x4). Die Feuerlöschpumpe von Bachert ist eine FP 60/10. Einen weiteren LA 300 hatte Bachert bereits 1978 an die WF Röhm in Worms geliefert

(171) Eine kostengünstige Lösung für Großtanklöschfahrzeuge bieten in der Regel gebrauchte Tankwagen. Das seit 1994 an der Landesfeuerwehrschule Brandenburg in Eisenhüttenstadt stationierte GTLF 18 wurde von der Firma Schmitz aus einem ehemaligen Tankwagen des Baujahrs 1987 umgebaut und ist mit 18 000 Litern Wasser befüllt. Das Fahrgestell ist ein Tatra T 815, dessen Zwölfzylinder-Dieselmotor 320 PS leistet

(172) Bei der FF Birkenwerder ist seit 1997 ein TLF 6000 stationiert, das Rosenbauer auf dem Scania-Fahrgestell vom Typ P 93 HK (4x4) baute. Die Motorleistung beträgt 185 kW, das zulässige Gesamtgewicht 18 000 kg. Der Löschwassertank fasst 6000 Liter, die Feuerlöschpumpe Typ N 30 stammt von Rosenbauer

63

Faszinierende Drehleitern:

Drehleitern dienen vorrangig zur Rettung von Menschen aus Notlagen, zur Durchführung technischer Hilfeleistungen und zur Brandbekämpfung. Drehleitern sind in Deutschland schon seit 1925 genormt. Nach dem Zweiten Weltkrieg wurden vom Fachnormenausschuss Feuerwehrwesen (FNFW) bisher sechs Ausgaben der DIN 14701 herausgegeben, um die Drehleitern dem jeweiligen Stand der Technik anzupassen.

Die erste Nachkriegs-Norm erschien im Juli 1957 unter dem Titel „Kraftfahr-Drehleitern – Allgemeine Anforderungen". Es wurde in Drehleitern mit sechs verschiedenen Steighöhen (18, 25, 30, 37, 44 und 50 Meter) unterschieden. Die Folgeausgabe „Drehleitern mit maschinellem Antrieb", die im Mai 1969 veröffentlicht wurde, enthielt nur noch zwei Typen: die DL 22 und die DL 30. Die DL 30 wurde zur „Standard-Drehleiter" und war am weitesten verbreitet – bis auf den heutigen Tag. Die nächste Folgeausgabe von DIN 14701 bestand aus zwei Teilen: Teil 1 „Hubrettungsfahrzeuge, Zweck, Begriffe, Sicherheitseinrichtungen, Anforderungen" (Juni 1978) und Teil 2 „Hubrettungsfahrzeuge, Drehleitern mit maschinellem Antrieb, DL 23-12, DLK 23-12" (Februar 1980). Neu waren die Typbezeichnungen „DL 23-12" anstelle von DL 30, und „DLK 23-12" für die Drehleiter mit Rettungskorb. Die erste Zahl steht für die Mindest-Rettungshöhe, die zweite Zahl für die dabei erreichbare Mindest-Ausladung der Drehleiter. Beide Normblätter wurden im April 1989 neu bearbeitet. Jetzt wurde in sechs Typen unterschieden: DL und DLK 23-12, DL und DLK 18-12 (früher: DL 25) sowie DL und DLK 12-9 (früher: DL 18).

Die weitere Normung wird vom Europäischen Komitee für Normung (CEN) im Technical Committee TC 192, Working Group WG 4, betrieben. Wenn diese Europa-Norm (EN 1777) von den Mitgliedsländern der EU beschlossen ist, wird sie in das nationale Normenwerk des DIN aufgenommen und die bisherige DIN 14701 ersetzen.

Nach 1945 gab es lange Zeit nur zwei deutsche Hersteller von Drehleitern: Magirus in Ulm und Metz in Karlsruhe. Ab 1987 versuchte der französische Hersteller Camiva, über die Firma Ziegler auf dem deutschen Markt Fuß zu fassen. Die erste DLK 23-12 ging zur FF Meersburg. Bis 1998 konnten 50 Drehleitern verkauft werden. Wenig Erfolg hatte die französische Firma Riffaud. Lediglich vier Drehleitern konnte sie von 1991 bis 1994 absetzen: drei DLK 23-12 und eine DLK 18-12.

In der DDR baute der Volkseigene Betrieb (VEB) Feuerlöschgerätewerk Luckenwalde (FGL) in Luckenwalde, wo bis 1945 die renommierte Feuerwehrgerätefabrik Hermann Koebe ansässig gewesen war, Drehleitern. Nach der Wende versuchte FGL, inzwischen in westdeutschen Besitz gelangt, ebenfalls Drehleitern nach modernem Standard zu bauen, was auch gelang. Doch wurden von 1990 bis 1996 nur 17 Drehleitern verkauft, ehe die FGL GmbH 1995 in Konkurs ging. Seitdem gibt es wiederum nur zwei Drehleiter-Hersteller in Deutschland: Magirus und Metz.

In der Drehleitertechnik steckte ein gewaltiges Entwicklungspotenzial, das die beiden deutschen Hersteller nach dem Krieg zielgerichtet nutzten: die Ölhydraulik ab 1955, die abnehmbaren Zwei-Mann-Rettungskörbe ab 1967, die fest angebrachten Klapp- bzw. Stülpkörbe ab 1990, die „Leiterbühnen" mit fest angeordneter Rettungsbühne für fünf Personen ab 1968, Drehleitern „niedrige Bauart" (n.B.) durch vorgebaute Kabine ab 1979, die elektronische Überwachung der Sicherheitseinrichtungen ab 1988, Drehleitern mit gelenkigem oberstem Leiterteil ab 1994, die mitlenkende zusätzliche Hinterachse ab 1995 und die Hinterachszusatzlenkung (HZL) ab 1998.

Die ursprünglich rein mechanisch arbeitende Drehleiter ist zu einem hydraulisch betätigten, elektronisch gesteuerten Hightech-Gerät geworden.

Drehleitern von Magirus

Nach dem Zweiten Weltkrieg konnte die Ulmer Firma Magirus 1947 schrittweise ihre Drehleiter-Produktion zunächst mit den konstruktiv noch aus der Kriegszeit stammenden Typen DL 17 und DL 22 wieder aufnehmen. Das gesamte Drehleiterprogramm stand ab 1949 zur Verfügung: DL 12, DL 17, DL 22, DL 26 (bald ersetzt durch die DL 25), DL 30, DL 32, DL 37 und DL 45 wieder auf. Für den Export baute Magirus einige „große" Drehleitern DL 52. Sämtliche Drehleitern besaßen, wie in der Vorkriegszeit, zunächst rein mechanischen Antrieb und Fallhaken zur Verriegelung der Leiterteile gegeneinander. Nach der Eingliederung der Magirus-Deutz AG, Ulm in die Holdinggesellschaft Iveco im Jahr 1975 gehört der Unternehmensbereich Brandschutz ebenfalls zur Iveco und firmiert heute als Iveco Magirus Brandschutztechnik GmbH. Produktionsstätte ist nach wie vor Ulm.

1950 bis 1960

(173) **1948** lieferte Magirus eine der ersten handbetätigten Drehleitern DL 17 nach dem Kriege an die FF Landshut. Das Fahrgestell war vom Typ KHD S 3500

DREHLEITERN VON MAGIRUS

Einführung des ölhydraulischen Leiterantriebs

Bereits 1953 stellte Magirus die erste deutsche Drehleiter, eine DL 25, mit hydraulischem Antrieb vor. Das Aufrichten des Leiterparks erfolgte durch zwei Hydraulikzylinder, Drehen durch einen Hydromotor und der Leiterauszug mit zwei Stahlseilen durch eine hydraulisch angetriebene Seilwinde. Die Leiterteile wurden – wie bei den mechanischen Leitern – durch Fallhaken verriegelt. Diese Drehleiter DL 25 h (h = hydraulisch) besaß außerdem den neu entwickelten Ganzstahl-Leitersatz mit Holmen aus offenen Profilen. Nach Optimierung und weiteren Erprobungen lief 1955 die Serienfertigung hydraulischer Drehleitern an. Die erste DL 25 h erhielt 1957 die BF München, die erste DL 30 h schon 1956 die FF Ulm. In beiden Fällen war das Fahrgestell ein Magirus-"Rundhauber" F Mercur 125. Überwiegend baute Magirus seine Drehleitern auf hauseigenen Fahrgestellen: nach den "Rundhaubern" kamen die "Eckhauber" und schließlich die Frontlenker. Fremdfahrgestelle wie MAN und Mercedes-Benz waren bis in die achtziger Jahre noch selten.

Die BF Frankfurt am Main konnte von 1964 bis 1976 für sich in Anspruch nehmen, mit ihrer DL 50 die höchste Drehleiter in Westdeutschland zu besitzen (nur die Ostberliner Feuerwehr war mit ihrer Metz Drehleiter DL 52 um ein Geringes höher!). Für diese DL 50 mit sechsteiligem Leiterpark war ein zweiachsiges „Eckhauber"-Fahrgestell F Magirus 200 D 19 verwendet worden. Nach einem schweren Verkehrsunfall am 27. März 1976 wurde sie ersatzlos ausgesondert.

Als Abstützungen anstelle der mechanisch wirkenden Fallspindeln führte Magirus nacheinander die hydraulische „Schrägabstützung", die „Waagrecht-Senkrecht"-Abstützung und schließlich die „Vario"-Abstützung (mit variabler Stützbreite) ein, die seit 1980 Standard bei allen Magirus-Leitern ist. Den abnehmbaren hängenden „Zwei-Mann-Rettungskorb" an der Leiterspitze bot Magirus 1965 an, ersetzte ihn aber schon zwei Jahre später durch den stehenden, zwangsgesteuerten Rettungskorb. Der sich im Fahrzustand platzsparend über den Leiterpark stülpende Rettungskorb, der 1988 eingeführte „Stülpkorb", brachte die sehr willkommene Verkürzung der Fahrzeuglänge, ebenso wie fünfteilige anstelle der üblichen vierteiligen Leitersätze.

Mit der Elektronik überwachen

Aus Sicherheitsgründen müssen alle Leiterbewegungen und -zustände ständig überwacht werden. Bisher geschah dies mechanisch-elektrisch. Die Überwachung mithilfe der Elektronik begann bei Magirus schrittweise seit 1972 und erreichte 1988 mit dem System „Computer Controlled" (CC) ihren vorläufigen Abschluss. Alle Drehleitermodelle wurden schrittweise bis 1990 auf „CC" umgestellt.

Hoch belastbare Leiterbühnen

Einige Feuerwehren, insbesondere die BF Frankfurt am Main, wünschten sich Mitte der sechziger Jahre eine Drehleiter mit fest angebrachtem zwangsgeführten und mit bis zu fünf Personen fassendem Rettungskorb. Magirus baute daraufhin 1966 für die BF Frankfurt die erste Leiterbühne LB 30 mit 350 Kilogramm Korbbelastung. Verwendet wurde das Eckhauber-Fahrgestell FM 200 D 16 L mit hydraulischer Schrägabstützung. 1971 kam die zweite Generation der LB 30 auf den Markt, diesmal auf dem Frontlenker-Fahrgestell FM 230 D 16 FL. Die BF Frankfurt beschaffte zwei Stück. Die Leiterbühnen der dritten Generation waren grundlegend geändert: zur Verkürzung der Fahrzeuglänge war der Leiterpark nun fünfteilig. Die Typbezeichnung lautet deshalb LB 30/5. Zur Verwendung kamen die dreiachsigen Fahrgestelle Magirus-Deutz 310 D 21 F (6x4). Die BF Frankfurt kaufte fünf Stück. Die vierte Generation der Leiterbühnen stellte Magirus 1988 auf der Interschutz in Hannover vor: die LB 30/5 CC n.B (niedrige Bauart) auf dem Fahrgestell 260-30 AH. Die BF Frankfurt und die BF Wiesbaden nahmen als erste je eine solche Leiterbühne in Dienst.

Drehleitern mit niedriger Bauhöhe

Weil die Frontlenkerfahrgestelle sämtlicher Lkw-Hersteller im Laufe der Zeit mehr und mehr an Höhe zunahmen, stiegen die Fahrzeughöhen der Drehleitern bis zu 3,30 Metern an – zu viel für so manche Durchfahrten und Hinterhöfe in Altbaugebieten. Die BF München sann zusammen mit Magirus auf Abhilfe. Die Lösung: Drehleitern „niedriger Bauart" (n.B.) durch Anordnung der Truppkabine vor die Vorderachse bei gleichzeitiger Tieferlegung. Dadurch erzielte man eine Fahrzeughöhe von nur 2,83 bis 2,85 Metern. Die erste DLK 23-12 n.B. erhielt die BF München schon 1979 zur Erprobung, offiziell vorgestellt wurde die Niedrigbauleiter auf der Feuerwehrausstellung Interschutz 1980 in Hannover. Die neue Drehleiter war nicht nur niedriger, sondern mit 2,35 Metern auch schmaler. Gleichzeitig führte Magirus die neue „Vario"-Abstützung ein. Die Münchner Feuerwehr stattete ihre sämtlichen Wachen aus und war mit zwölf DLK 23-12 n.B. der größte Einzelabnehmer. Die Fahrgestelle waren vom Typ Magirus-Deutz 256 M 12. In den achtziger Jahren ging Magirus zu

(174) **Eine Drehleiter DL 30+2 erhielt die FF Heilbronn (seit 1971 Berufsfeuerwehr) im Jahre 1951 auf dem KHD-Fahrgestell S 6000 F, das sich durch eine lange, formschöne Motorhaube auszeichnete. Eine weitere DL 30 auf diesem Fahrgestell ging auch an die BF Koblenz**

Fahrgestellen vom Typ Iveco-Magirus 120-25 AN über. Die Niedrigbauleiter wurde zu einem großen Verkaufserfolg im In- und Ausland, bis 1997 konnte Magirus mehr als 100 Stück verkaufen. Sie steht mit weiterentwickelter Technik und auf neuen Fahrgestellen bis heute im Lieferprogramm.

Gelenk-Drehleitern

Auf der Interschutz 1994 in Hannover zeigte Magirus eine Variante ihrer Drehleitern: die DLK 23-12 Vario CC-GL (GL = Gelenk-Leiter). Bei dem fünfteiligen Leitersatz ist das oberste Leiterteil mit dem vierten Leiterteil gelenkig verbunden und bis zu 75 Grad nach unten abwinkelbar. Dadurch kann die Leiter mit Rettungskorb (ähnlich wie die Gelenkmastbühne) hinter Spitzdächer u.ä. gelangen oder zurückgesetzte Dachgeschosse erreichen. Die erste DLK 23-12 Vario CC-GL beschaffte 1996 die FF Pinneberg, und zwar auf dem Fahrgestell Mercedes-Benz 1524 F, die erste Gelenkleiter auf dem Fahrgestell Iveco FF 150 E 27 die FF Achern im selben Jahr. Die FF Baden-Baden erhielt 1997 die erste DLK 23-12 Vario CC-GL auf dem Niedrigbau-Fahrgestell Iveco FF 150 E 27 n.B. Die Gelenk-Drehleitern erfreuen sich bei den Feuerwehren größerer Beliebtheit, wie die Verkaufszahlen ausweisen.

Drehleitern mit lenkbarer Hinterachse

Weil in den Innenstädten viele Straßen „verkehrsberuhigt", also künstlich verengt wurden, bekamen die Feuerwehren vielfach Schwierigkeiten, den Einsatzort mit ihren Drehleitern zu erreichen. Zur Verbesserung der Wendigkeit dieser lebenswichtigen Feuerwehrfahrzeuge ließen sich einige Feuerwehren Fahrgestelle mit mitlenkenden Nachlauf-Hinterachsen umbauen. Diese werden in Abhängigkeit vom Einschlagwinkel der Vorderräder elektrohydraulisch angesteuert. So erzielt man geringere Wendekreise. Magirus baute einige Drehleitern DLK 23-12 Vario CC auf Fremdfahrgestellen, so 1995 für die BF Frankfurt auf Mercedes-Benz 1124 F und 1996 für die Berliner Feuerwehr auf MAN 14.232 F. Bei diesen zwangsgelenkten Hinterachsen sind allerdings nur Einschlagwinkel bis zu zirka 18 Grad möglich.

Eine „echte" Allradlenkung, mit der ein Drehleiterfahrer selbst den Einschlag der Hinterräder innerhalb bestimmter Geschwindigkeitsgrenzen bestimmen kann, bietet Magirus seit 1998 mit der Hinterachszusatzlenkung (HZL) „City Comfort" an. Hiermit sind Einschlagwinkel bis zirka 30 Grad und damit sehr kleine Wendekreise möglich. Die ersten drei DLK 23-12 Vario CC-HZL n.B. nahm die BF Stuttgart Anfang 1998 in Dienst, gefolgt von den BF Essen, Witten und Bottrop mit je einer Drehleiter dieses Typs.

Die FF Ulm erhielt 1999 die erste DLK 23-12 auf dem Fahrgestell Iveco FF 150 E 27, die alle bis dahin bei Magirus erhältlichen Sonderausstattungen enthält: GL, HZL und n.B.

Computer-stabilisiert

Die neueste Stufe in der Weiterentwicklung der Drehleitertechnik stellt die Stabilisierung der Leiterbewegungen mit dem Schwingungsdämpfungsytem „Computer Stabilized" (CS) dar. Sensoren erkennen unerwünschte Leiterschwingungen, die vor allem bei schnellen Bewegungen der Drehleiter grundsätzlich unvermeidlich sind, und leiten ohne Verzögerung hydraulisches Gegensteuern ein. Die Folge sind bisher nicht gekannte, „gefühlvoll" ablaufende Leiterbewegungen, die vor allem ängstliche Personen im Korb während hektischer Rettungsaktionen als sehr beruhigend empfinden.

Die erste DLK 23-12 Vario CS (das Vorführmodell von 2000) erhielt 2001 die FF Winnenden. Das Fahrgestell ist vom bekannten Typ Iveco FF 150 E 27. Die erste DLK 23-12 Vario CS auf einem Fremdfahrgestell beschaffte 2002 die FF Grünberg, und zwar auf MAN LE 280 B. Die erste DLK 18-12 Vario CS, aufgebaut auf dem Fahrgestell MAN LE 220 B, ging 2002 an die FF Bayreuth.

(175) **1953 baute Magirus diese Drehleiter DL 25+2 für die FF Neustadt a. d. Weinstraße auf dem Fahrgestell KHD S 3500. Ungewöhnlich war die Ausstattung mit einer Front-Seilwinde (Fabrikat Heros)**

(176) Die erste Magirus-Drehleiter DL 25 h (hydraulischer Antrieb) erhielt 1957 die BF München. Diese Drehleiter war auf dem Rundhauber-Fahrgestell Magirus-Deutz F Mercur 125 aufgebaut. Bemerkenswert ist der lange Radstand von 4,85 m, der sonst nur für die DL 30 in Frage kam. Die DL 25 wurde 1967 an die FF Bad Kissingen verkauft

(177) Die einzige Drehleiter DL 37 h (hydraulischer Antrieb), die Magirus auf dem Rundhauber-Fahrgestell KHD S 6500 baute, hatte die BF Dortmund 1960 bestellt. Der luftgekühlte V8-Dieselmotor leistete 172 PS. Auf dem Foto ist die Drehleiter noch ohne Türbeschriftung und polizeiliches Kennzeichen zu sehen

(178) Wie für die Löschfahrzeuge, so waren die seit 1954 produzierten Magirus-Eckhauber auch ideale Fahrgestelle für Drehleitern. Diese DL 30 von Magirus nahm die FF Itzehoe 1960 in Dienst. Das Fahrgestell war vom Typ Magirus-Deutz 150 D 10

1961 bis 1970

Links: (179) Eine typische Magirus-Drehleiter der sechziger Jahre auf dem Rundhauber-Fahrgestell F Mercur 125 war diese 1963 an die BF Lübeck gelieferte DL 30. Fast 30 Jahre lang, zuletzt als Reservefahrzeug, war diese Drehleiter im Einsatz

Rechts: (180) Die seinerzeit höchste Drehleiter in Deutschland beschaffte 1964 die BF Frankfurt am Main, eine DL 50 auf dem Fahrgestell Magirus-Deutz 200 D 19 L mit einem zulässigen Gesamtgewicht von 19 000 kg. Als Antrieb diente ein luftgekühlter V8-Dieselmotor von KHD mit einer Leistung von 200 PS. Die Drehleiter besaß einen sechsteiligen Leiterpark und einen auf den Obergurten laufenden Fahrkorb. Am 27. März 1976 erlitt die Drehleiter einen schweren Unfallschaden, dessen Reparatur nicht als lohnend angesehen wurde. Daher verkaufte die Branddirektion sie unrepariert an ein Münchner Kran- und Leiterunternehmen

(181) Drehleitern auf Allrad-Fahrgestellen waren und sind selten. Die erste Allrad-Drehleiter nach dem Krieg, eine DL 30 h, nahm 1965 die BF München in Dienst. Anlass für die Beschaffung waren zahlreiche Baustellen, die seinerzeit das Anfahren mit Drehleitern oftmals erschwerten oder unmöglich machten. Fahrgestell war der Magirus-Deutz 200 D 16 AK, dessen zulässiges Gesamtgewicht 16 000 kg betrug. Neu war die hydraulische Waagrecht-Senkrecht-Abstützung, die Magirus hier erstmals anwendete. Die Drehleiter besaß eine Truppkabine (serienmäßiges Fahrerhaus)

(182) Die erste von Magirus auf einem Frontlenker-Fahrgestell gebaute DL 30 nahm die BF Lübeck 1968 ab. Der Typ Magirus-Deutz 170 D 11 F, motorisiert mit dem luftgekühlten 176 PS leistenden Sechszylinder-Dieselmotor von Deutz, war nun mehrere Jahre lang das Standardfahrgestell für die DL 30. Diese Drehleiter besaß eine Staffelkabine und einen einhängbaren Rettungskorb

1971 bis 1980

(183) Ihre erste Drehleiter DL 30 von Magirus mit hängendem Korb auf einem MAN-Fahrgestell erhielt die BF Berlin 1970. Das Hauben-Fahrgestell war vom Typ 450 H. Die Staffelkabine entsprach der damaligen Drehleiter-Norm

(184) Eine handbetätigte Drehleitern DL 18 beschaffte die BF München 1972 speziell für Rettungseinsätze in Hinterhöfen mit niedrigen Durchfahrten. Das Fahrgestell war vom Typ Magirus-Deutz 80 D 6 F

(185) Die BF Stuttgart bestellte 1975 drei Drehleitern DLK 30 mit Staffelkabine auf dem „schweren" Magirus-Deutz-Fahrgestell 232 D 14 F. Die höhere Motorleistung von 232 PS wurde verlangt, weil es in Stuttgart zahlreiche Straßen mit großen Steigungen gibt

1981 bis 1990

Links: (186) Nachdem die BF Frankfurt am Main schon 1971 die erste Magirus-Leiterbühne LB 30 auf einem Eckhauber-Fahrgestell in Dienst gestellt hatte, beschaffte sie 1987 die erste Leiterbühne mit fünfteiligem Leitersatz, um die Fahrzeuglänge zu verkürzen. Diese Leiterbühnen trugen die Bezeichnung LB 30/5. Die neue Frankfurter Leiterbühne war auf dem dreiachsigen Frontlenker-Fahrgestell Magirus-Deutz 310 D 21 F (6x4) aufgebaut. Der fest angebrachte Rettungskorb mit einer Belastung bis zu 360 kg hatte eine sechseckige Grundform und besaß zwei Einstiege

Rechts: (187) Die ab 1984 eingeführten neuen Frontlenker von Iveco-Magirus mit den Typen 140-19 A (= Aircooled) und 140-25 A mit luftgekühlten Deutz-Dieselmotoren waren in den achtziger Jahren die bevorzugten Fahrgestelle für Magirus-Drehleitern DLK 23-12. Als Beispiel hier eine von vier DLK 23-12 der BF Gelsenkirchen auf dem Fahrgestell 140-25 A, Baujahr 1988

(188) Als Magirus 1980 mit einer völlig neuen Drehleiter-Generation herauskam, die sich besonders durch eine niedrige Bauhöhe auszeichnete, war die BF München die erste Feuerwehr, die eine DLK 23-12 n.B. (niedrige Bauart) beschaffte. Schließlich hatten die Münchner den Anstoß zu dieser Entwicklung gegeben. Das Fahrgestell mit der tiefer gesetzten Kabine war vom Typ Magirus-Deutz 256 M 12 und erstmals mit der „Vario"-Abstützung ausgestattet. Der luftgekühlte Sechszylinder-Dieselmotor von Deutz hatte eine Leistung von 256 PS (186 kW). Die Fahrzeughöhe lag mit zirka 2,85 m deutlich unter der nach Norm maximal zulässigen Höhe von 3,30 m, die Fahrzeugbreite betrug nur 2,35 m. München nahm 1980/81 insgesamt zwölf DLK 23-12 n.B. ab

(189) Die erste neue Magirus-Leiterbühne LB 30/5 CC n.B. (computer controlled, niedrige Bauart) erhielt 1988 die BF Frankfurt am Main. Das Fahrgestell war vom Typ Iveco-Magirus 260-30 AH (6x4) mit tiefer gelegter Fahrerkabine. Der Leitersatz war wiederum fünfteilig

Oben: (190) **Die BF Berlin hatte schon länger mit tiefer gesetzten Kabinen experimentiert, zunächst bei ihren Löschhilfeleistungsfahrzeugen (siehe Nr. 098), als sie 1990 erstmals auch eine Magirus-Drehleiter DLK 23-12 tiefer legte, und zwar auf einem Fahrgestell Iveco-Magirus 140-25**

1991 bis 2000

Mitte: (191) **Die BF München beschaffte 1992 als Nachfolgerin ihrer Allrad-Drehleiter von 1965 (siehe Nr. 181) diese DLK 23-12 CC auf dem Allrad-Fahrgestell Iveco-Magirus 160-30 AHW. Die Fahrerkabine ist tiefer gelegt**

Unten: (192) **Magirus-Drehleitern auf Mercedes-Benz-Fahrgestellen wurden in den neunziger Jahren häufiger verlangt. Die FF Bad Homburg, Löschzug Gunzenheim, legte sich als erste 1993 eine DLK 23-12 Vario CC auf dem Mercedes-Benz-Fahrgestell der neuen Mittelklasse, hier Typ 1524 F, zu**

Links: (193) **1994 stellte Magirus auf der Interschutz in Hannover die Gelenk-Drehleiter DLK 23-12 Vario CC-GL vor. Das oberste (fünfte) Leiterteil mit Rettungskorb ist mit dem vierten Leiterteil gelenkig verbunden und kann bis zu 75 Grad nach unten geschwenkt werden, sodass zum Beispiel zurückgesetzte Dachgeschosse besser erreichbar sind. Die erste DLK 23-12 Vario CC-GL beschaffte 1996 die FF Pinneberg, und zwar auf dem Fahrgestell Mercedes-Benz 1524 F**
Rechts: (194) **1996, im selben Jahr wie die FF Pinneberg erhielt auch die FF Achern ihre DLK 23-12 Vario CC-GL, diesmal aber auf dem Fahrgestell Iveco FF 150 E 27**

Links: (195) **Die BF Frankfurt am Main beschaffte 1995 erstmals eine DLK 23-12 von Magirus mit lenkbarer luftgefederter Hinterachse, um die Wendigkeit im Stadtverkehr zu verbessern. Es wurde ein Fahrgestell von Mercedes-Benz, Typ 1124 F, gewählt. Zur optimalen Gewichtsverteilung musste eine dritte (starre) Achse in der Fahrgestellmitte eingefügt werden**
Rechts: (196) **Der „Stülpkorb", ein zur Verkürzung der Fahrzeuglänge über den Leiterpark gestülpter Rettungskorb, war bereits seit 1988 bei den DLK 23-12 eingeführt worden. Die erste DLK 18-12 Vario CC mit Stülpkorb erhielt 1995 die FF Schneverdingen auf dem Fahrgestell Iveco Magirus 120 E 23**

(197) **Erstmals 1996 wurde bei der Berliner Feuerwehr eine Drehleiter DLK 23-12 auf einem MAN-Fahrgestell, Typ 14.232, mit lenkbarer Hinterachse in Dienst gestellt. Die Achsschenkellenkung der Hinterachse ist bei Bedarf zuschaltbar und verringert somit den Wendekreisdurchmesser**

(198) **Die BF Flensburg übernahm (neben der BF Kassel) eine Vorreiterrolle für die so genannten „Folienfahrzeuge", also Einsatzfahrzeuge mit aufgeklebten roten Folien statt üblicher Lackierung. Die erste, mit weißer Grundlackierung gelieferte und dann mit Folien versehene Drehleiter war 1996 diese Flensburger DLK 23-12 Vario CC auf dem Fahrgestell MAN 14.262 MC**

Links: (199) Die FF Baden-Baden war die erste Feuerwehr, die eine Gelenk-Drehleiter in niedriger Bauart in Dienst stellen konnte. Die DLK 23-12 Vario CC-GL n.B. auf dem Fahrgestell Iveco FF 150 E 27 ging dort 1997 in Dienst
Rechts: (200) Die BF Mannheim ließ sich 1997 eine DLK 23-12 Vario CC mit fünfteiligem Leitersatz auf dem Fahrgestell Mercedes-Benz 1524 F bauen. Infolge des fünfteiligen Leitersatz verkürzt sich die Fahrzeuglänge auf 8,85 m

Links: (201) Auch die FF Annweiler wünschte sich eine kompakte DLK 23-12 Vario CC mit fünfteiligem Leitersatz, bevorzugte aber das Fahrgestell MAN 14.224 LC. Ihre neue Drehleiter erhielt sie 1997
Rechts: (202) Erstmalig baute Magirus auf Wunsch der FF Herrenalb ihre DLK 23-12 Vario CC auf einem Scania-Fahrgestell, hier Typ P 94 DB, auf. Die Drehleiter ging 1997 in Dienst

Links: (203) Eine neue Generation von Drehleitern löste in München ab 1997 die Niedrigbauleitern von 1980 ab. Beim Drehleiterfabrikat blieb München bei Magirus, doch als Fahrgestell wählte sie nun den MAN 15.264 LC. Dieses Fahrgestell ist luftgefedert, der MAN-Dieselmotor hat eine Leistung von 191 kW. Der Leitersatz ist fünfteilig und ermöglicht somit eine geringere Fahrzeuglänge von 8,80 m. Wegen der leicht vorgezogenen Kabine (Kompaktfahrerhaus L 2000) beträgt die Fahrzeughöhe trotz fest angebrachtem Stülpkorb für drei Personen (360 kg) nur 2,99 m. Die erste von insgesamt 13 DLK 23-12 Vario CC wurde im März 1998 in Dienst genommen
Rechts: (204) Auch in Stuttgart hielt 1997 eine neue Generation von Drehleitern Einzug. Die BF Stuttgart legte nicht nur Wert auf niedrige Bauhöhe, sondern vor allem auf größtmögliche Wendigkeit im Verkehr. Diese Anforderung hatte bei Magirus zur Entwicklung der Hinterachszusatzlenkung (HZL) „City Comfort" geführt. Mithilfe der HZL kann der Drehleiterfahrer durch Betätigung eines Schalters selbst bestimmen, ob und in welchem Maße die Hinterräder eingeschlagen werden, und zwar unabhängig vom Einschlag der Vorderräder. HZL ist bis zu Kurvengeschwindigkeiten von 10 km/h wirksam und bietet konkurrenzlos kleine Wendekreisdurchmesser. Die ersten drei DLK 23-12 Vario CC HZL n.B. auf dem Fahrgestell Iveco FF 150 E 27 wurden am 2. Februar 1998 in Dienst gestellt

(205) Alle bis dahin bei Magirus erhältlichen Sonderausstattungen für Drehleitern wie GL, HZL und n.B. besitzt die neue DLK der FF Ulm auf dem Fahrgestell Iveco FF 150 E 27. Diese Drehleiter führt daher die etwas lange Bezeichnung DLK 23-12 Vario CC-GL HZL n.B. Baujahr ist 1999

(206) Eine spezielle Drehleiter mit Allradantrieb versieht seit 1999 bei der Flughafenfeuerwehr München ihren Dienst. Für ihre DLK 23-12 Vario CC-GL wurde das Fahrgestell MAN 19.403 FAC verwendet

Links: (207) Die erste Drehleiter DLK 23-12 Vario CC HZL auf einem Fahrgestell Mercedes-Benz Atego 1528 F erhielt im Jahre 2000 die BF Bonn
Rechts: (208) Die erste Drehleiter DLK 18-12 auf dem MAN-Fahrgestell 12.224 LC ging im Jahre 2000 an die FF Altenstadt

(209) Im Jahr 2000 wartete Magirus mit einer weiteren technischen Neuerung bei ihren Drehleitern auf. Das Schwingungsdämpfungssystem „Computer Stabilized" (CS) verhindert weitgehend das Nachschwingen der Leiter durch automatisches hydraulisches Gegensteuern. Die erste DLK 23-12 Vario CS, nämlich das Vorführfahrzeug von 2000, kaufte die FF Winnenden ein Jahr später. Das Fahrgestell ist der bekannte Typ Iveco FF 150 E 27

(210) Die erste Drehleiter DLK 23-12 Vario CC-GL auf einem Fahrgestell Mercedes-Benz Atego 1528 F erhielt im Jahre 2000 die FF Montabaur

Faszinierende Drehleitern:

Drehleitern von Metz

Wie Magirus, so gelang es auch der Firma Metz in Karlsruhe nach Ende des Zweiten Weltkriegs, den Bau von Drehleitern wieder aufzunehmen. Ab 1949 bot Metz ein umfangreiches Programm an, das Drehleitern vom Typ DL 12, DL 17, DL 22, DL 26, DL 32, DL 36 und DL 46 umfasste. 1951 ersetzte die DL 25 die Typen DL 22 und DL 26, die DL 37 den Typ DL 36. Für den Export standen die DL 52 und die DL 60 zur Verfügung. Nach dem damaligen Stand der Technik besaßen sämtliche Metz-Drehleitern rein mechanischen Antrieb und zur Verriegelung der Leiterteile Fallhaken. Die für die DL 30 verwendeten Fahrgestelle stammten überwiegend von Mercedes-Benz, in wenigen Fällen von Krupp (BF Essen!), Henschel (Kassel!) und der MAN (zum Beispiel Nürnberg und Berlin). Im Saarland kam auch das französische Fahrgestell Berliet zum Einsatz. Auf Magirus-Frontlenker-Fahrgestellen gab es einige wenige Metz-Drehleitern. Für die handbetätigten „kleinen" DL 12 kam meist der VW Typ 2 in Frage, für die ebenfalls handbetätigten DL 17 (bzw. DL 18) wurden z.B. die Fahrgestelle Borgward B 2500, Ford FK 2500 und FK 3500, Mercedes-Benz L 319 B und Opel-Blitz 1,75 t verwendet.

Bis heute stammen die beiden höchsten, noch in Dienst stehenden Drehleitern in Deutschland, von Metz: 1989 erhielt die Flughafenfeuerwehr Berlin-Tegel eine DLK 44 auf Mercedes-Benz 2228 (6x4) und 1993 die BF Hoyerswerda ebenfalls eine DLK 44 auf Iveco-Fahrgestell 260-34 AH (6x4). 1956 lieferte Metz sogar eine DL 52 nach Ost-Berlin, aufgebaut auf dem Krupp-Fahrgestell Tiger L5 Tg 5.

Der hydraulische Leiterantrieb

Den vollhydraulischen Leiterantrieb stellte Metz 1958 vor. Für den Leiterauszug hatte Metz mit den im untersten Leiterteil liegenden zwei Hydraulikzylindern eine andere technische Lösung als Magirus gefunden, die den Verzicht auf Fallhaken ermöglichte. Die BF Hamburg bestellte und erhielt 1959 ihre beiden ersten DL 30 h, und zwar auf den Pullman-Fahrgestellen Mercedes-Benz LP 329. Die Fallhakenlosigkeit wurde 1960 von der DL 37 h und 1961 von der DL 44 h übernommen.

Seit 1961 bot Metz als Zusatzausstattung die ebenfalls hydraulisch betriebene Kraneinrichtung mit 3000 Kilogramm Hebekraft an, von der insbesondere die BF Hamburg regen Gebrauch machte. Ab 1967 ersetzten hydraulische Stempel die mechanisch wirkenden Fallspindeln, zunächst als „Schrägabstützungen", dann ab 1972 als „Waagrecht-Senkrecht"-Abstützungen, die sich endgültig durchsetzten. 1967 bot Metz den ersten (an der Leiterspitze stehenden) Zwei-Mann-Rettungskorb an. 1972 steigerte Metz die Hebekraft seiner Kraneinrichtung auf 4000 Kilogramm.

Auf Betreiben des Mannheimer Branddirektors Dr.-Ing. Magnus baute Metz 1972 eine Drehleiter DL 30 S (Schwer) auf dem zweiachsigen Kranwagenfahrgestell Faun LK 906/46 V. Das zulässige Gesamtgewicht betrug immerhin 17 200 Kilogramm. So schwer war keine andere Drehleiter! Der fest angebrachte Rettungskorb konnte mit 400 Kilogramm belastet werden. Diese DL 30 S blieb ein bemerkenswertes Einzelstück und war bis 1984 im Einsatz.

Ebenfalls einen fest angebrachten Rettungskorb mit einer Belastbarkeit bis zu 400 Kilogramm besaßen die ersten beiden „Telebühnen", die Metz 1974 für die FF Düren auf Mercedes-Benz L 1819 (6x4) und ein Jahr später für die FF Lünen auf Mercedes-Benz L 2624 (6x4) baute. Die Telebühnen waren die Antwort auf die Leiterbühnen von Magirus, konnten jedoch nicht mit deren Erfolgen mithalten.

Drehleitern mit niedriger Bauhöhe

Nach Norm dürfen Drehleitern eine Bauhöhe von höchstens 3,30 Metern erreichen. Der Wunsch der Feuerwehren nach niedrigeren Drehleitern wurde auch bei der Firma Metz laut. Da sie im Gegensatz zum Konkurrenten Magirus ausschließlich auf Fremdfahrgestelle angewiesen ist, beschritt sie einen anderen Weg. Der Drehkranz wurde soweit wie möglich nach vorn verlegt, damit der fünfteilige Leitersatz in Fahrstellung nach hinten abgelegt werden konnte. Die größte Fahrzeughöhe wurde somit durch das Kabinendach (bzw. die Kennleuchten!), nicht aber durch die Leiterteile bestimmt. Bei Verwendung des Fahrgestell Mercedes-Benz 1419 F/1422 F ergab sich eine Fahrzeughöhe von nur zirka 2,80 Metern. Mit dieser Bauart waren weitere Vorteile verbunden, nämlich deutlich niedrigerer Schwerpunkt und fast gleiche Achslastverteilung vorn und hinten, beides ideale Voraussetzungen für günstige Fahreigenschaften. Der fest angebrachte Rettungskorb konnte bereits ohne jedes Leitermanöver direkt vom Boden bestiegen werden. Deshalb nannte Metz

1950 bis 1960

(211) **Eine typische DL 22 von Metz in den fünfziger Jahren ist diese Drehleiter, die 1951 von der BF Freiburg beschafft wurde. Fahrgestell: Mercedes-Benz L 3500 (neue Bezeichnung ab 1955: L 311). Der Sechszylinder-Dieselmotor leistete 90 PS. Diese Drehleiter wird seit ihrer Ausmusterung 1984 von der Freiburger Feuerwehr als Oldtimer betreut**

DREHLEITERN VON METZ

diese Drehleiter werbewirksam DLK 23-12 SE (SE = Sofort-Einstieg). Die ersten beiden DLK 23-12 SE wurden 1980 an die BF Stuttgart (auf Mercedes-Benz 1419 F) und BF Ludwigshafen (auf Mercedes-Benz 1632 und mit Drei-Mann-Korb) geliefert. Es folgten ein Jahr später die BF Hamburg (auf Mercedes-Benz 1419 F) und nochmals die BF Stuttgart (auf Mercedes-Benz 1632, mit Drei-Mann-Korb). Trotz unbestreitbarer Vorteile wurde dieser Leitertyp kein Verkaufserfolg: es wurden insgesamt nur 14 Stück verkauft, die letzte 1987 an die BF Wuppertal.

Die Elektronik zieht ein

Auch bei Firma Metz begann das „elektronische Zeitalter" im Jahre 1988. Sie nennt ihr in drei Stufen eingeführtes Steuerungs- und Überwachungssystem „PLC" (Program Logic Control). Zur Zeit ist PLC III die aktuelle Stufe. Zeitgleich mit der Einführung von PLC stellte Metz auf ein neues Drehgestell und Podium und den Drei-Mann-Rettungskorb um.

Eine Erweiterung der elektronischen Überwachung stellen die im Jahre 2000 eingeführten, auf Wunsch erhältlichen Einrichtungen „MOS" (Metz Online Support) und „TCS" (Target Control-System) dar. MOS ist ein Servicesystem, das die wichtigen Zustandsdaten der Leiter per GSM-Netz oder Satellit ins Werk übermitteln kann, um dort unmittelbar eine Fehlerdiagnose vorzunehmen. TCS ermöglicht automatisches Anfahren von programmierten Zielen. Die FF Lehre/Niedersachsen erhielt 2000 als erste eine derart ausgestattete DLK 23-12, aufgebaut auf einem MAN-Fahrgestell 15.284 LC.

„Compact"-Drehleitern und mitlenkende Hinterachsen

Um in den engen Straßen der Innenstädte wendiger sein zu können, bietet Metz zwei Lösungen für Drehleitern an: kürzere Fahrzeuge und mitlenkende Hinterachsen. So verwendet Metz bei dem Modell DLK 23-12 „Compact" einen fünf- statt des vierteiligen Leitersatzes. Die erste DLK 23-12 „Compact" nahm 1995 die FF Mutterstadt in Dienst. Obwohl das Fahrgestell Mercedes-Benz 1524 F den üblichen Radstand von 4,20 Metern aufweist, ist trotz Überklappkorb die Fahrzeuglänge auf 8,15 Meter gegenüber üblichen 9,95 Metern verkürzt. Die zweite DLK 23-12 „Compact" ging ein Jahr später zur FF Sangerhausen. Als „Compact"-Drehleiter gilt auch die DLK 12-9 der FF Nördlingen, die 1998 auf dem Mercedes-Benz-Fahrgestell 817 F mit einem Radstand von 3,15 Metern gebaut wurde. Eine kompakte DLK 12-9 auf MAN-Fahrgestell Typ 9.163 wurde im selben Jahr an die FF Neuötting geliefert. Eine bemerkenswerte kompakte DLK 23-12 besitzt auch die FF Neustrelitz seit 2000. Die Drehleiter auf dem Fahrgestell Mercedes-Benz Atego 1528 F weist wegen ihres fünfteiligen Leitersatzes trotz Überklappkorb vorne keinen Überhang auf.

Drehleitern mit mitlenkenden Hinterachsen sind für die Fahrgestelle von MAN und Mercedes-Benz möglich. 1996 stellte Metz eine DLK 23-12 auf dem dreiachsigen Fahrgestell Mercedes-Benz 1124 F (6x2/2) vor. Diese Vorführleiter erwarb zwei Jahre später die BF Hannover. Die Berliner Feuerwehr fährt seit 1998 zwei Drehleitern auf dem zweiachsigen MAN-Fahrgestell 14.224 LC, bei denen die Hinterräder in Abhängigkeit vom Vorderradeinschlag automatisch mitlenken.

Kombination Drehleiter/Löschfahrzeug

Im Ausland kennt man Kombinationen von Löschfahrzeugen mit (kleinen) Drehleitern seit langem, in Deutschland sind sie neu. Metz lieferte bereits mehr als 50 DLK 18 FA (First Attack) allein nach Thailand. Die FF Pulsnitz erwarb 2001 als erste Feuerwehr in Deutschland eine DLK 12-9 LF „Multitalent", ein Vorführfahrzeug von 2000. Das Fahrgestell ist ein Mercedes-Benz Atego 1528 F. Der Löschwassertank fasst 1800 Liter.

Mit der Einführung der neuen Mercedes-Baureihen „Atego" und „Econic" stehen der Firma Metz seit 1997 neue geeignete Fahrgestelle zur Verfügung. Insbesondere der „Atego" entwickelt sich zum beliebten Chassis für Drehleitern. Es werden die Typen 1328 F und 1528 F verwendet, in Einzelfällen mit lenkbaren Nachlauf-Hinterachsen, zum Beispiel bei der BF Osnabrück und BF Leverkusen.

Die erste DLK 23-12 auf dem Fahrgestell Econic 1828 LL (luftgefedert) beschaffte 1998 die BF Darmstadt. Es folgten 2000 die BF Lübeck und die BF Hannover. Alle neuen DLK 23-12 von Hannover sind mit lenkbaren Nachlauf-Hinterachsen ausgestattet. Der „Econic" ist in Deutschland bisher (2003) immerhin 13-mal für Drehleitern gewählt worden.

Die Metz Feuerwehrgerätefabrik GmbH wurde 1998 in den österreichischen Konzern Rosenbauer International eingegliedert und firmiert seit 2001 nach Trennung der Produktionsstandorte Luckenwalde (Löschfahrzeuge und Rüstwagen) und Karlsruhe (Hubrettungsfahrzeuge) als Metz Aerials GmbH & Co KG.

(212) **Eine der ersten DL 26 nach dem Kriege konnte 1952 die FF Heidenheim in Dienst stellen. Als Fahrgestell wurde ein Mercedes-Benz LF 5500 verwendet. Die Aufnahme zeigt die Drehleiter hier noch ohne Türbeschriftung**

Links: (213) Eine der sonst selten verlangten Drehleitern DL 36+2 beschaffte die Berliner Feuerwehr 1949 von der Firma Metz. Auch das verwendete Fahrgestell war sehr selten: ein Büssing-NAG 5000 S. Dessen Sechszylinder-Dieselmotor hatte eine Leistung von 105 PS. Bei dieser DL 36+2 handelte es sich um eine verkürzte DL 38 mit 2 m Handausschubleiter

Rechts: (214) Schon 1950 konnte Metz Drehleitern DL 30+2 mit fünfteiligem Leitersatz anbieten. Diese DL 30+2 erhielt die FF Marburg im Jahr 1950. Grund für die Wahl war das beengte (zu kurze) Gerätehaus! Der fünfteilige Leitersatz ragte nicht über die Motorhaube hinaus. Als Fahrgestell nutzte Metz den Mercedes-Benz L 4500 (neue Bezeichnung ab 1955: L 312). Die Drehleiter wird heute von den Oldtimerfreunden in Marburg unterhalten. Von diesem Leitertyp sind seinerzeit nur fünf Stück gebaut worden

(215) Die BF Essen bevorzugte nicht nur bei ihren Löschfahrzeugen, sondern auch bei Drehleitern Fahrgestelle der Fried. Krupp Motoren- und Kraftwagenfabriken GmbH in Essen. So bestellte sie 1950 diese DL 36 auf dem Fahrgestell Mustang. Der Vierzylinder-Zweitakt-Dieselmotor hatte eine Leistung von 145 PS. Das zulässige Gesamtgewicht betrug 12 800 kg. Die hervorragend erhaltene Drehleiter befindet sich bis heute im Besitz des Sammlers Dr. Fritz Hardach in Oldenburg

(216) Bevor das Saargebiet als Bundesland Saarland zur Bundesrepublik Deutschland kam, griffen die dortigen Feuerwehren verständlicherweise häufig auf französische Fahrgestellfabrikate zurück. Hier im Bild die Drehleiter DL 25 der FF Dudweiler auf dem Fahrgestell Berliet GLC 6a, Baujahr 1954. Die Drehleiter war mit einer Vorbaupumpe FP 15/8 ausgestattet. Die FF St. Ingbert erhielt ebenfalls eine DL 25 von Metz auf dem Berliet-Chassis

Oben: (217) **Die Drehleiter DL 37 der BF Hannover von 1954, die Metz auf dem Rundhauber-Fahrgestell Magirus-Deutz S 6500 baute, ist die einzige ihrer Art. Als erste erhielt sie außerdem einen Fahrkorb, der zwei Personen zur Leiterspitze beförderte. Diese DL 37 war bis 1978 im Einsatzdienst**

Mitte: (218) **Die BF Hamburg beschaffte ab 1955 ausschließlich Metz-Drehleitern DL 30 h (h = hydraulisch) auf Mercedes-Benz-Frontlenker-Fahrgestellen („Pullman"), insgesamt 20 Stück. Die Fahrgestelle waren vom Typ LP 329 und LP 338, deren Sechszylinder-Dieselmotoren 172 PS leisteten**

Unten: (219) **Diese DL 30 der BF Essen wurde ebenfalls auf einem Krupp-Fahrgestell vom Typ Mustang gebaut. Bemerkenswert ist der an Stahlseilen unter dem Leiterpark geführte Korb. Die Werksaufnahme zeigt die Drehleiter noch ohne Türbeschriftung. Baujahr: 1956**

Links: (220) Nur einmal wurde eine DL 25 auf dem Henschel-Fahrgestell HS 100 gebaut, und zwar 1956 für die WF Henschel in Kassel
Rechts: (221) Ihre erste Drehleiter DL 25 h lieferte Metz 1959 an die FF Brackwede. Als Fahrgestell wurde ein Mercedes-Benz LF 311/42 gewählt. Die Werksaufnahme zeigt die Drehleiter noch ohne Türbeschriftung

(222) BF Karlsruhe erhielt 1959 die erste Metz-DL 37 h. Als Fahrgestell wurde der Mercedes-Benz-Typ L 331/52 gewählt. Der Sechszylinder-Dieselmotor leistete 172 PS

1961 bis 1970

Links: (223) Wie schon für ihre Löschfahrzeuge, so wählte die BF Kassel auch für ihre Drehleitern Henschel-Fahrgestelle. Für diese 1961 beschaffte DL 30 h kam der Typ HS 100 zur Verwendung. Der nach dem Lanova-Speicherverfahren arbeitende Sechszylinder-Dieselmotor von Henschel hatte eine Leistung von 132 PS. Diese Drehleiter, die ein Einzelstück blieb, ist nach ihrer Aussonderung im Jahr 1989 erhalten geblieben und wird heute vom Feuerwehrverein Kassel e.V. betreut
Rechts: (224) Die DL 37 h auf dem Fahrgestell Mercedes-Benz L 337/42 mit Staffelkabine und Doppelbedienungsstand ist in dieser Form einmalig. Die BF Heidelberg beschaffte sie 1961. Die Drehleiter besaß außerdem eine elektrisch betätigte Sandstreueinrichtung über den Hinterrädern! Nach der Wende wurde die Drehleiter 1991 der FF Bautzen übergeben, die sie noch bis 1997 im Einsatzdienst nutzte. Seit dem 1. Januar 2003 wird sie vom Feuerwehr-Förderverein Bautzen e. V. betreut

Oben: (225) Ab 1961 bestellte die BF Hamburg alle DL 30 h mit 3-t-Kraneinrichtung. Die erste DL 30 h-Kran wurde auf dem Pullman-Fahrgestell Mercedes-Benz LP 338 geliefert

Mitte: (226) Diese DL 30 h der BF Essen ging 1964 in Dienst. Das Krupp-Fahrgestell war vom Typ L 801. Der Vierzylinder-Zweitakt-Dieselmotor leistete beachtliche 175 PS. Kotflügel und vordere Stoßstange wurden erst später weiß lackiert

Unten: (227) Nur wenige DL 30 h sind auf dem Frontlenker-Fahrgestell Mercedes-Benz LPF 1317 gebaut worden. Der Sechszylinder-Dieselmotor leistete 170 PS. Hier die DL 30 h der FF Achern von 1970, die bis 1996 dort im Einsatz war

1971 bis 1980

Links: (228) Die erste DL 30 h von Metz mit Waagrecht-Senkrecht-Abstützungen erhielt 1972 die Landesfeuerwehrschule von Nordrhein-Westfalen. Das Fahrgestell: Mercedes-Benz LF 1313/48

Unten: (229) Die „Kurzhauber"-Fahrgestelle von Mercedes-Benz wurden von Metz in großer Zahl für ihre Drehleitern verwendet. Diese DL 30 h mit einhängbarem Rettungskorb war eine von vier, die die BF Hamburg in den siebziger Jahren auf dem Fahrgestell L 1519/48 bauen ließ

(230) Eine „schwere" DL 30 ließ sich die BF Mannheim 1972 auf dem Kranwagen-Fahrgestell Faun LK 906/46 V (4x2) von Metz bauen. Diese DL 30 S (= Schwer) mit Waagrecht-Senkrecht-Abstützungen hatte einen fest angebrachten Rettungskorb für Belastungen bis 400 kg (4 bis 5 Personen). Ein Deutz-Dieselmotor mit 209 PS diente zum Antrieb, das zulässige Gesamtgewicht betrug 17 200 kg. Diese Drehleiter, die bis 1984 im Einsatz war, blieb ein Einzelstück

(231) Metz-Drehleitern auf Magirus-Deutz-Fahrgestellen waren in den siebziger Jahren eine Seltenheit. Die erste DL 30 bestellte die FF Neureut 1972 auf Magirus-Deutz 170 D 12 F. Die Drehleiter steht heute im Deutschen Feuerwehr-Museum in Fulda

(232) Um eine Korbbelastung von 400 kg zu erzielen, hatte die BF Mannheim 1972 ein Kranwagenfahrgestell gewählt. Dass hohe Korblasten auch mit einem serienmäßigen Lkw-Fahrgestell möglich sind, bewies Metz 1974. Für die FF Düren baute sie eine so genannte Telebühne (TB), eine DL 30 mit fest angebrachtem Korb für 400 kg Belastung auf dem Mercedes-Benz-Fahrgestell L 1819 (6x4)

Links: (233) Die Drehleiter DLK 30 S, die der Flughafen Stuttgart 1977 bei Metz bestellte, war auf dem Allrad-Fahrgestell Mercedes-Benz 2632 AK (6x6) aufgebaut. Die Korbbelastung betrug 400 kg
Rechts: (234) 1980 brachte Metz einen neuen Typ der DLK 23-12 (neue Normbezeichnung für die DL 30) auf den Markt. Der fünfteilige Leitersatz wurde für die Fahrstellung nach hinten abgelegt, sodass sich eine Fahrzeughöhe von nur zirka 2,80 m ergab. Weil der Rettungskorb ständig an der Leiterspitze montiert bleiben konnte, nannte Metz dieses Modell DLK 23-12 SE (SE = Sofort-Einstieg). Die Erste ging auf dem Fahrgestell Mercedes-Benz 1419 F noch 1980 an die BF Stuttgart

1981 bis 1990

Oben: (235) Die BF Lübeck entschied sich 1981 für das Fahrgestell MAN 13.192 H-DL für ihre DLK 23-12 von Metz. Der abnehmbare Rettungskorb wurde unter dem Leiterpark mitgeführt

Mitte: (236) Nach der DLK 23-12 SE kam Metz 1984 auch mit einer DLK 16-4 SE auf den Markt. Die erste Drehleiter dieser Art bekam die FF Quierschied, und zwar auf dem Fahrgestell Mercedes-Benz LP 813

Unten: (237) Metz führte 1988 das elektronische Steuerungs- und Überwachungssystem „PLC" (Program Logic Control) ein. Die ersten DLK 23-12 PLC wurden auf Mercedes-Benz-Fahrgestellen gebaut. Die erste DLK 23-12 PLC auf einem MAN-Fahrgestell erhielt 1990 die BF Leverkusen. Das Fahrgestell war vom Typ 14.232 F

Oben: (238) **Wie für die Löschfahrzeuge, so waren auch die für die Drehleitern die 1973 eingeführten Frontlenker-Fahrgestelle der „Neuen Generation" von Mercedes-Benz lange Zeit das Standard-Fahrgestell für DL 30 bzw. DLK 23-12 von Metz, zum Beispiel die DLK 23-12 mit Überklappkorb der FF Ahrensburg, Baujahr 1989**

Mitte: (239) **Mit ihrer 1989 angeschafften DLK 44 war die Flughafenfeuerwehr Berlin-Tegel drei Jahre lang Besitzerin der damals höchsten Drehleiter in Deutschland. Metz hatte sie auf dem Fahrgestell Mercedes-Benz 2228 (6x2) gebaut**

Unten: (240) **Die erste Drehleiter DLK 18-12 PLC von Metz auf dem Fahrgestell Mercedes-Benz 1120 F ging 1989 bei der FF Garmisch-Partenkirchen in Dienst**

85

1991 bis 2000

(241) Nach dem Flughafen Berlin-Tegel beschaffte 1992 auch die BF Hoyerswerda eine DL 44 bei Metz. Sie war allerdings nicht originär für diese Feuerwehr bestimmt gewesen, sondern stammte aus einem nicht zustande gekommenen Exportauftrag von 1990. Das Fahrgestell war ein Iveco 260-34 AH. Die Beschaffung war notwendig geworden, weil in der Stadt mehrere Hochhäuser nicht den westdeutschen Bauvorschriften bezüglich des zweiten Rettungswegs entsprachen

(242) Eine Drehleiter DLK 23-12 mit geringerer Fahrzeuglänge bietet Metz seit den neunziger Jahren als so genannte Compact-Leiter an. Die erste DLK 23-12 Compact auf dem Fahrgestell Mercedes-Benz 1524 F bestellte 1995 die FF Mutterstadt. Infolge des fünfteiligen Leitersatzes ragt der Rettungskorb nur wenig über den Kabinenrand hinaus

(243) Eine Drehleiter DLK 18-12 auf dem Fahrgestell MAN 12.222 erhielt die FF Barsbüttel 1996 von Metz

(244) Die BF Hannover setzte schon 1997 auf DLK 23-12 mit gelenkter Hinterachse, um im Straßenverkehr wendiger sein zu können. Die hier gefundene technische Lösung besteht in einer zusätzlichen Hinterachse, deren Räder in Abhängigkeit vom Einschlag der Vorderräder bei Bedarf mitlenken. Die DLK 23-12 baute Metz, das Fahrgestell ist der Typ Mercedes-Benz 1124 F

Links: (245) Erstmals wurde 1998 ein Econic-Fahrgestell von Mercedes-Benz zum Bau einer Metz-Drehleiter verwendet. Die BF Darmstadt beschaffte ihre DLK 23-12 auf dem Fahrgestell MB Econic 1828 L mit lenkbarer Nachlauf-Hinterachse. Die Motorleistung beträgt 205 kW, der Radstand 3,90 m + 1,40 m. Traditionell sind alle Darmstädter in RAL 3003 (Rubinrot) lackiert

Rechts: (246) Die FF Nördlingen nahm 1998 eine DLK 12-9 (mit dreiteiligem Leitersatz von Metz) in Dienst. Da das Fahrgestell Mercedes-Benz 817 F einen kurzen Radstand von 3,15 m besitzt, fällt die Fahrzeuglänge mit 7,08 m sehr gering aus

(247) Die BF Offenbach erhielt 1998 die erste Metz-Drehleiter DLK 23-12 mit gelenkter Nachlauf-Hinterachse auf dem Fahrgestell Mercedes-Benz 1524 (6x2/2)

Oben: (248) Die erste Drehleiter DLK 23-12 von Metz auf dem Fahrgestell Mercedes-Benz Atego 1528 F versieht seit 1999 ihren Dienst bei der FF Alzey

Mitte: (249) Die BF Bremen beschaffte 1999 bei Metz eine Drehleiter DLK 23-12 auf dem Fahrgestell Mercedes-Benz Atego 1528 F, deren Hinterräder in Abhängigkeit vom Einschlag der Vorderräder bei Bedarf lenkbar sind

Unten: (250) Als zweite deutsche Feuerwehr nahm die BF Lübeck 1999 eine Metz-Drehleiter DLK 23-12 auf dem Fahrgestell Mercedes-Benz Econic 1828 L in Dienst. 2000 und 2003 kam je eine weitere DLK 23-12 auf dem gleichen Fahrgestelltyp hinzu

(251) **Die erste Drehleiter DLK 12-9 von Metz auf einem MAN-Fahrgestell erhielt 1999 die FF Neuötting. Das Fahrgestell ist vom Typ 9.163 LC. Die Aufnahme zeigt die Drehleiter noch ohne Türbeschriftung**

(252) **Eine spezielle Drehleiter Metz-DLK 23-12 auf dem Fahrgestell Mercedes-Benz Atego 1528 F besitzt die FF Neustrelitz seit 2000. Wegen der beengten Raumverhältnisse des Feuerwehrhauses wurde ein fünfteiliger Leitersatz gewählt und das Kabinendach etwas abgeflacht. Dadurch konnte eine verminderte Bauhöhe und -länge erzielt werden**

Oben: (253) Rechtzeitig zur EXPO 2000 erhielt die BF Hannover außer fünf HLF 16/20 (siehe Nr. 106) zwei Drehleitern DLK 23-12 von Metz auf dem Fahrgestell Mercedes-Benz Econic 1828 L mit zuschaltbarer Hinterradlenkung. Der Radstand beträgt 4,50 m, das zulässige Gesamtgewicht 17 000 kg. Seit 2002 ergänzt eine dritte DLK 23-12 dieser Bauart den Hannoverschen Fahrzeugpark

Mitte: (254) Im Jahr 2000 erweiterte die Firma Metz die elektronische Ausstattung ihrer Drehleitern durch „MOS" (Metz Online Support) und „TCS" (Target Control-System). Mit Hilfe von MOS können bestimmte Zustandsdaten der Leiter per GSM-Netz oder Satellit zwecks Fehlerdiagnose ins Werk übermittelt werden. TCS ermöglicht das automatisierte Anleitern vorprogrammierter Ziele. Die FF Lehre nahm 2000 die erste DLK 23-12 mit MOS und TCS in Dienst. Es wurde das Fahrgestell MAN 15.284 LC verwendet

Unte: (255) Die BF Osnabrück orderte 2000 bei Metz die erste Drehleiter DLK 23-12 auf dem Fahrgestell Mercedes-Benz Atego 1828 F mit Nachlauf-Lenkachse (Hersteller: Jung)

Andere Drehleiter-Anbieter: CAMIVA, RIFFAUD UND FLG

Nachdem Magirus und Metz jahrzehntelang den deutschen Markt beherrscht hatten, entstand ihnen erstmals Ende der achtziger Jahre Konkurrenz. Die Feuerwehrgerätefirma Ziegler in Giengen/Brenz beabsichtigte, ihr Fahrzeugprogramm mit einer Drehleiter zu komplettieren und vereinbarte die Zusammenarbeit mit dem französischen Hersteller Camiva in Chambery. Ziegler konnte damit auf deutschen Fahrgestellen wie MAN und Mercedes-Benz die genormte Drehleiter DLK 23-12 anbieten. Die erste Camiva-Drehleiter nahm 1987 die FF Meersburg auf dem Mercedes-Benz-Fahrgestell 1422 F in Dienst. Die FF Idstein beschaffte 1990 die erste Camiva-Drehleiter mit tiefer gesetzter Kabine, ebenfalls auf Mercedes-Benz 1422 F. Als erste Berufsfeuerwehr entschloss sich 1991 die BF Wiesbaden zum Kauf einer Drehleiter von Camiva, wiederum auf Mercedes-Benz 1422 F. Der bei Magirus und Metz zum Standard gehörende Stülp- bzw. Überklappkorb war bei Camiva seit den neunziger Jahren ebenfalls erhältlich. Die erste DLK 23-12 mit Stülpkorb ging 1991 an die FF Grevenbroich. Erstmals wurden 1991 zwei Camiva-Drehleitern auf MAN-Fahrgestellen 14.232 F gebaut, und zwar für die BF Köln. Bis zum Jahr 1998 konnte Ziegler noch 35 DLK 23-12 ausliefern, davon 17 an Freiwillige Feuerwehren, sieben an Berufsfeuerwehren und eine an eine Werkfeuerwehr.

Der französische Drehleiter-Hersteller Riffaud konnte bisher nur vier Drehleitern an deutsche Feuerwehren verkaufen: 1991 eine DLK 18-12 an die FF Alpirsbach auf Mercedes-Benz 1120 F und je eine DLK 23-12 an die FF Homburg/Saar auf Mercedes-Benz 1427 (1993), FF Burg/Sachsen-Anhalt auf Mercedes-Benz 1524 (1994) sowie FF Bad Friedrichshall auf Mercedes-Benz 1524 (1994).

Nach der Wende wurden im privatisierten Feuerlöschgerätewerk Luckenwalde (FGL) computerüberwachte und -gesteuerte Drehleitern gemäß westdeutscher Norm entwickelt. Die erste DLK 18-12 CIR („Computer Integrierte Rettung") wurde 1995 auf Mercedes-Benz 1120 für die FF Roßla, eine zweite 1997 für die FF Felsberg auf MAN 12.222 gebaut. Es blieb bei diesen beiden DLK 18-12 CIR. Von der DLK 23-12 CIR wurden acht Stück gebaut. Den Prototyp erhielt 1993 die FF Teterow auf Mercedes-Benz 1422 F. Die BF Hamm ist die einzige Berufsfeuerwehr, die eine DLK 23-12 CIR besitzt, gebaut 1993 auf MAN 14.232. 1995 schloss die Firma FGL. In die Werksanlagen zog die Karlsruher Firma Metz ein. Heute heißt die Firma Rosenbauer Feuerwehrtechnik GmbH und ist ein Tochterunternehmen von Rosenbauer International AG. Insgesamt sind von FGL in den fünf Jahren ihres Bestehens 16 Drehleitern gebaut worden.

(256) Als Ende der achtziger Jahre die Feuerwehrgerätefirma Albert Ziegler in Giengen a. d. Brenz die deutsche Vertretung für Drehleitern des französischen Herstellers Camiva übernommen hatte, war die FF Meersburg 1987 die erste, die eine DLK 23-12 von Camiva/Ziegler bestellte. Sie wurde auf dem Fahrgestell Mercedes-Benz 1422 F aufgebaut

(258) Wiesbaden bestellte 1991 als erste deutsche Berufsfeuerwehr eine DLK 23-12 von Camiva/Ziegler. Die von der BF Wiesbaden geforderte Tieferlegung der Kabine auf dem Fahrgestell Mercedes-Benz 1422 F wurde von der Firma Eller durchgeführt. Dadurch betrug die Fahrzeughöhe trotz Stülpkorb nur 3,10 m

(257) Die 1991 an die FF Grevenbroich gelieferte DLK 23-12 von Camiva/Ziegler war die erste Drehleiter mit Stülpkorb. Das Fahrgestell war ebenfalls vom Typ Mercedes-Benz 1422 F

(259) Die DLK 23-12 von Camiva der BF Köln war die erste, die auf dem Fahrgestell MAN 14.232 F gebaut wurde. Die Indienststellung erfolgte 1991

Links: (260) **Eine weitere DLK 23-12 von Camiva bestellte die BF Wiesbaden 1998. Diese Drehleiter besaß den neuen Stülpkorb. Die Hinterachse des Fahrgestells Mercedes-Benz 1524 war gelenkt**

Unten: (261) **Die FF Bramsche war die erste und bisher einzige Feuerwehr, die eine DLK 23-12 von Camiva auf dem Fahrgestell Mercedes-Benz Atego 1528 F in Auftrag gab. Die Indienststellung erfolgte 1999**

(262) **Drehleitern des französischen Herstellers Riffaud wurden bisher nur viermal an deutsche Feuerwehren geliefert. Die einzige DLK 18-12 erhielt 1991 die FF Alpirsbach. Es wurde ein Fahrgestell Mercedes-Benz 1120 F verwendet**

(263) Die erste DLK 23-12 von Riffaud ging 1990 an die FF Homburg/Saar. Das Fahrgestell ist ein Mercedes-Benz 1427 F

Oben: (264) Den vom Feuerlöschgerätewerk Luckenwalde (FGL) gebauten Prototyp der Drehleiter DLK 23-12 CIR (Computer Integrierte Rettung) übernahm 1993 die FF Teterow. Als Fahrgestell war der damals gängige Typ Mercedes-Benz 1422 F verwendet worden

Rechts: (265) Als einzige Berufsfeuerwehr beschaffte die BF Hamm 1993 eine DLK 23-12 CIR von FGL. Sie wählte das Fahrgestell MAN 14.232

Lange unterschätzt: GELENK- UND TELESKOPMASTBÜHNEN

Gelenkmastbühnen (GMB) sind Hubrettungsfahrzeuge der Feuerwehr, deren Hubrettungssatz aus mehreren Gelenkarmen besteht und die an der Spitze einen Rettungskorb tragen. Teleskopmastbühnen (TMB) sind Hubrettungsfahrzeuge der Feuerwehr, deren Hubrettungssatz aus mehreren Teleskoparmen besteht und die an der Spitze einen Rettungskorb tragen. Es gibt auch Kombinationen von Gelenk- und Teleskopmastbühnen, bei denen einer oder mehrere Gelenkarme zusätzlich teleskopierbar sind.

Die Gelenkmastbühnen, umgangssprachlich „Hubsteiger" genannt, hatten es in Deutschland anfangs nicht leicht. Nur wenige Feuerwehren entschlossen sich in den sechziger Jahren zu solchen Beschaffungen. Den Anfang machten 1965 die BF Stuttgart und 1967 die BF Frankfurt am Main. Beide GMB waren englische Fabrikate Simon SS 85 (Rettungshöhe 85 feet = ca. 26 Meter). 1970 beschaffte die BF Stuttgart die zweite GMB Simon SS 85, während die BF Frankfurt im selben Jahr das finnische Fabrikat Nummela 25-3 (25 Meter Rettungshöhe) wählte. Die erste Stuttgarter GMB befindet sich heute im Deutschen Feuerwehr-Museum in Fulda, die zweite gehört dem Feuerwehrverein Stuttgart e.V.

Es folgte 1972 die BF Hannover mit einem Nummela 22-3 (22 Meter Rettungshöhe), ebenfalls 1972 nochmals Frankfurt mit einem Nummela 25-3 und 1973 die FF Landau mit einem Nummela 25-3. Je einen Simon SS 263 (Rettungshöhe 26 Meter) stellten die FF Rendsburg 1974, die BF Pforzheim 1975 und die FF Fulda ebenfalls 1975 in Dienst. Während es zu weiteren Beschaffungen bei Werkfeuerwehren kam, die in den GMB vor allem vielseitig einsetzbare Arbeitsgeräte sahen, sollte es lange dauern, bis auch kommunale Feuerwehren wieder unter den Bestellern waren. Inzwischen war die GMB ständig weiter entwickelt worden, vor allem durch den finnischen Hersteller Bronto Skylift, der 1983 durch Zusammenschluss der Firmen Bronto und Nummela entstand. Die heutigen GMB sind leichter als ihre Vorgängerinnen der siebziger Jahre, haben kompaktere Abmessungen und vergrößerte Benutzungsfelder. Dabei wird der TMB der Vorzug gegeben, bei der nur noch der kurze Korbarm gelenkig angeordnet ist. Neben den Teleskoparmen ist jetzt meist eine Leiter (mit klappbarem Geländer) für den Notabstieg angebracht, sodass nun, wie bei der Drehleiter, ein kontinuierlicher Rettungsweg vorhanden ist, auf den die meisten Feuerwehren großen Wert legen.

Mit insgesamt 63 GMB/TMB (bei Rettungshöhen von 30 bis 68 Metern) seit 1985 ist Bronto Skylift zum Marktführer in Deutschland aufgestiegen. Hinzu kommen zwei Sondertanklöschfahrzeuge mit Gelenk-Löscharm. Besonders beliebt ist das Modell TLK 23-12 von Bronto Skylift (TLK = Teleskop-Leiter mit Korb, obwohl es sich nicht um eine Drehleiter, sondern um eine Teleskopmastbühne handelt), die sich der genormten Drehleiter DLK 23-12 technisch ziemlich angenähert hat. Neben den Teleskoparmen ist seitlich eine Leiter mit ausklappbarem Geländer angeordnet. Die TLK 23-12 ist seit 2000 schon 14-mal in Deutschland verkauft worden, davon 12-mal allein an Freiwillige Feuerwehren.

Drei deutsche Firmen haben sich neben ihrem Industriegeschäft auch auf dem Feuerwehrsektor betätigt: F.W. Schwing GmbH in Herne lieferte seit 1994 vier GMB an Werkfeuerwehren. Die Firma Decker

(266) **Ausnahmsweise war die als sehr innovationsfreudig angesehene BF Frankfurt am Main einmal nicht Pionier bei der Einführung eines neuartigen Hubrettungsfahrzeugs, nämlich der Gelenkmastbühne (GMB), ist man versucht zu sagen. Vielleicht war es auch nur Zufall, dass die BF Stuttgart am 25. Mai 1966 als erste deutsche Feuerwehr eine GMB (damals noch „Hubsteiger" genannt) in Dienst stellte. Die vom englischen Hersteller Simon Engineering gelieferte und von der Wumag aufgebaute GMB vom Typ SS 85 erreichte eine Arbeitshöhe (Höhe des Korbbodens + 1,5 m) von 85 feet, also zirka 25,9 m. Der Korb war mit 360 kg belastbar. Das Fahrgestell war ein Mercedes-Benz, Typ L 1920/52. Wegen Überschreitung der zulässigen Hinterachslast und zu schwacher Motorleistung fand 1978 ein grundlegender Umbau statt: Neben Verlängerung der Trupp- zur Staffelkabine und Überholung der Gerätekästen (durch Metz) erfolgte der Einbau einer zweiten (nicht angetriebenen) Hinterachse und eine Erhöhung der Motorleistung auf 177 kW (240 PS), sodass die Bezeichnung nun L 2224 (6x2) lautete. Am 12. September 1988 wurde die GMB ausgesondert. Heute befindet sie sich im Deutschen Feuerwehr-Museum in Fulda**

Links: (267) Bereits ein Jahr nach Stuttgart, 1967, nahm auch die BF Frankfurt am Main eine GMB Typ Simon SS 85 in Dienst. Die Frankfurter bevorzugten jedoch ein Eckhauber-Fahrgestell Magirus-Deutz F 230 D 19 FL. Bei einer Einsatzfahrt am 14. August 1976 stürzte die GMB um und wurde dabei so stark beschädigt, dass die Branddirektion auf eine Reparatur verzichtete
Rechts: (268) Die zweite Frankfurter Gelenkmastbühne wurde 1970 beschafft. Diesmal war es eine GMB des finnischen Herstellers Nummela Skylift, Typ NS 25-3, mit einer Arbeitshöhe von 25 m. Als Fahrgestell war das neue Frontlenkermodell Magirus-Deutz F 230 D 19 FL verwendet worden

Links: (269) Als dritte deutsche Berufsfeuerwehr entschloss sich die BF Hannover 1972 zum Kauf einer Gelenkmastbühne. Ihre GMB war ebenfalls ein Produkt von Nummela Skylift, jedoch vom Typ NS 22-3, also mit 22 m Arbeitshöhe. Das Fahrgestell war ein Mercedes-Benz, Typ L 1418/42. Die GMB war bis 1993 im Dienst.
Rechts: (270) Nach der FF Landau im Jahre 1973 war die FF Rendsburg 1974 die zweite Freiwillige Feuerwehr, die eine GMB anschaffte. Man wählte den Simon SS 263 (Rettungshöhe 26,3 m) auf dem Fahrgestell Magirus-Deutz 232 D 19 F. Das Foto von 1990 zeigt die bis heute (2004) noch im Dienst stehende GMB nach ihrer Umlackierung

Arbeitsbühnen und Nutzfahrzeuge in Limburg verkaufte bisher drei GMB mit 22 Meter Rettungshöhe an Freiwillige Feuerwehren, und zwar an die FF Lorsch (1992), FF Mölkau (1994) und FF Markranstädt (1995). Etwas erfolgreicher war ein anderer deutscher Anbieter, die Wumag GmbH in Krefeld, die seit dem Jahr 2000 mit der Firma Metz eng zusammenarbeitet. Von 1977 bis 1999 konnte sie sechs GMB verschiedener Höhen an deutsche Werkfeuerwehren verkaufen. Von 1991 bis 2000 gingen dann erstmals TMB an sieben Freiwillige Feuerwehren.

In Einzelfällen werden Tanklöschfahrzeuge mit Gelenk- bzw. Teleskopmasten kombiniert. So bestellte die BF Essen bei Ziegler ein GTLF 48/50/5-5 mit einem Löscharm von Bronto Skylift, und zwar auf dem Fahrgestell Mercedes-Benz Actros 2540 L (6x2/2). Die Indienststellung erfolgte im Jahr 2000. Außer 5000 Litern Wasser sind 500 Liter Schaummittel und 500 Kilogramm Pulver (PLA 500 von Minimax) an Bord. Der Löscharm WTF 20 (Water Foam Tower) erreicht eine Höhe von 20 Metern.

Was die Anzahl der Achsen betrifft, hält gegenwärtig die WF Merck in Darmstadt den Rekord und gleichzeitig den Höhenrekord mit 68 Metern. Jeweils fünf Achsen besitzen die 1995 beschaffte Teleskopmastbühne Bronto Skylift F 68 HLA auf dem Fahrgestell Mercedes-Benz 5550 (10x 6/2) und der 2002 beschaffte Bronto Skylift 53 RL auf dem Fahrgestell MAN 35.464 VFAK (10x8/8).

Als Vorläufer der Teleskopmastbühnen sind die „Telelifte" anzusehen, welche die Maschinenfabrik Langenfeld (MFL) den Feuerwehren zu Anfang der siebziger Jahre anbot. Auf der Basis ihrer Kranfahrzeuge entwickelte MFL den Telelift TL 30/20, einen vierteiligen Teleskopmast mit fest angebrachtem Rettungs-/Arbeitskorb. Die von MFL gewählte Typbezeichnung sollte die maximale Rettungshöhe von 30 Metern und die maximal mögliche seitliche Ausladung von 20 Metern ausdrücken (natürlich ist beides nicht gleichzeitig möglich!). Das aus dem eigenen Hause stammende schwere vierachsige Kranfahrgestell (8x4) mit seinen gewaltigen Vierfach-Abstützungen (Stützbreite 5,20 Meter!) bot nicht nur eine bisher nicht erreichte Korblast von 750 Kilogramm (entsprechend acht Personen), sondern auch eine enorme Ausladung von 20 Metern bei 23 Metern Rettungshöhe. Kurz nacheinander kauften 1972 die BF Ludwigshafen, 1973 die BF Karlsruhe und 1975 die BF Wiesbaden je einen Telelift TL 30/20.

Mit einem zulässigen Gesamtgewicht von 31 000 Kilogramm, einer Länge von 11,90 Metern und einer Höhe von 3,50 Metern waren die Aufstellungsmöglichkeiten dieses neuartigen Feuerwehrfahrzeugs allerdings ziemlich begrenzt. Die TL 30/20 waren somit vorzugsweise als Arbeitsgerät (z.B. bei Großbränden zur Wasserabgabe aus großer Höhe sowie als Kran), aber kaum als Rettungsfahrzeug anstelle von Drehleitern zu betrachten, obwohl eine teleskopierbare

Links: (271) Als die WF Shell, Werk Godorf bei Köln, 1985 eine Teleskopmastbühne (TMB) von Bronto Skylift, Typ 50 3T3, erhielt, war diese TMB lange Zeit die größte in Deutschland. Sie wurde auf dem Fahrgestell Iveco Magirus 310 D 28 FK (8x4) aufgebaut. Zur Ausstattung gehörte eine Turbinen-Tragkraftspritze TTS 40/7 von Magirus
Rechts: (272) Die erste GMB von Wumag, Typ Elevant WO 265 F, nahm 1989 die WF Daimler-Benz (heute DaimlerChrysler) im Werk Bremen in Betrieb. Natürlich kam hier kein anderes Fahrgestell als ein Mercedes-Benz, Typ 2222 (6x4), in Frage

Leiter auf den Auslegerteilen montiert war. Die Wasserzuführung erfolgte über fest verlegte Teleskoprohre vom Boden zur Korbspitze. Anlass zur Beschaffung in Karlsruhe war der Großbrand des Staatstheaters 1973 gewesen. Die Begründung für die Anschaffung bei der BF Ludwigshafen war ebenfalls der effektivere Einsatz bei Großbränden gewesen.

Außer diesen drei deutschen Feuerwehren beschaffte nur die BF Innsbruck 1975 einen solchen Telelift. Bis 1985 waren alle deutschen Telelifte ausgesondert. Den Ludwigshafener Telelift erwarb die Betriebsfeuerwehr des Freizeitparks „Phantasialand" in Brühl. Er hat dort beim Großbrand am 1. Mai 2001 gute Dienste geleistet.

(273) Die erste TMB in Bayern ist seit 1989 bei der WF Bezirkskrankenhaus Haar stationiert. Sie wurde hauptsächlich zur Rettung von behinderten Personen beschafft. Man wählte das Fabrikat Wumag, Typ Elevant WS 300, und als Fahrgestell Mercedes-Benz, Typ 2222 (6x4). Seitlich an den Teleskoparmen ist eine Leiter als Notabstieg angebracht

(274) **Die WF Merck, Darmstadt, nahm 1991 ihre erste Teleskopmastbühne (TMB), einen Bronto Skylift 40-2T1 mit 40 m Rettungshöhe, in ihren Fuhrpark auf. Das vierachsige Fahrgestell Mercedes-Benz 3235 (8x4) besitzt eine von der Firma Eller tiefer gelegte Kabine (Bild oben)**

(275 und 276) **Von den beiden einzigen, nach Deutschland gelieferten TMB des italienischen Herstellers Cella S.p.a. ging die größte, die „liftel 400 SPJ-FD" (40 m Rettungshöhe), 1991 zur WF Thyssen Stahl AG in Duisburg. 1995 wurde diese TMB an die WF Freudenberg in Weinheim abgegeben. Das Fahrgestell ist ein Mercedes-Benz 2635 (6x4). Das obere Bild zeigt die TMB 1992 bei der WF Thyssen Stahl AG, das untere Bild 1998 bei der WF Freudenberg. Außer der Türbeschriftung wurde äußerlich nichts verändert**

Oben: (277) **Die erste GMB der Krefelder Firma Wumag, Typ WGF 190 (19 m Rettungshöhe) versieht seit 1991 ihren Dienst bei der FF Neustadt a.d. Weinstraße. Als Fahrgestell wurde ein Mercedes-Benz 914 verwendet**

Links: (278) **Die erste TMB Bronto Skylift F 32 HDT besitzt seit 1992 die WF Röhm, Darmstadt. Als Trägerfahrzeug kam das Fahrgestell MAN 25.272 DF (6x4) zur Verwendung**

Unten: (279) **Die kleine Firma Decker in Limburg konnte bisher dreimal ihre GTM 2213 (Rettungshöhe 22 m) an Freiwillige Feuerwehren verkaufen. Die FF Lorsch erwarb 1992 die erste Decker-Gelenkmastbühne. Sie ist auf dem Fahrgestell VW-MAN 8.150 F aufgebaut**

98

Links: (280) Die Firma F. W. Schwing in Herne lieferte an deutsche Kunden bisher viermal eine TMB, sämtlich an Werkfeuerwehren. Die WF Ruhröl GmbH, Werk Scholven, erhielt 1994 diese TMB 34 auf dem Fahrgestell MAN 33.372 DF (6x4)
Rechts: (281) Die größte TMB aller deutschen Flughäfen besaß bis zum Jahr 1997 die Feuerwehr des Flughafens Köln-Bonn. Sie erhielt 1995 einen Bronto Skylift F 52 HDT auf dem Fahrgestell Mercedes-Benz 3544 K (8x4/2)

(282) Seit 1995 hält die WF Merck, Darmstadt, mit ihrem Bronto Skylift F 68 HLA den deutschen „Höhenrekord" bei Teleskopmastbühnen (TMB). Diese TMB ist auf dem (bisher einzigartigen) fünfachsigen Fahrgestell Mercedes-Benz 5550 (10x6/2), das über drei angetriebene und drei gelenkte Achsen verfügt, aufgebaut und mit einer tiefer gelegten Kabine versehen. Der Aufbau stammt von der Schweizer Firma Brändle, die auch den Einbau der Feuerlöschpumpe FP 65/10 von Godiva vornahm. Die äußeren Abmessungen sind beeindruckend: Länge = 14,10 m, Breite = 2,50 m, Höhe = 3,95 m. Die Korblast beträgt maximal 400 kg bei einer Ausladung von 22 m!

(283) Die erste GMB, die auf einem Scania-Fahrgestell, Typ P 92 DD, aufgebaut wurde, besitzt die FF Coswig seit 1996. Die GMB ist vom Typ Bronto Skylift F 24 HDT

(284) Die FF Haan war 1996 die erste Freiwillige Feuerwehr, die eine GMB vom Typ Bronto Skylift F 32 MDT, beschaffte. Als Fahrgestell wurde ein MAN 16.232 verwendet

Oben: (285) Mit ihrem 1997 beschafften Bronto Skylift F 54 HDT auf dem fünfachsigen Fahrgestell MAN 41.403 VFAEG (10x8/2) übertrifft die Flughafenfeuerwehr Stuttgart den Teleskopmast des Flughafen Köln-Bonn um zwei Meter (siehe Nr. 281). Die Achsen 1, 2, 3 und 4 sind angetrieben, die Achsen 1, 2 und 5 sind lenkbar

Mitte: (286) Im Jahre 1999 erhielt die FF Babenhausen diese GMB Typ Wumag WGF 220 (Rettungshöhe 22 m) auf dem Fahrgestell MAN 12.222

Unten: (287) Die FF Münster (Hessen) besitzt seit 1999 eine besondere GMB. Die Wumag WTF 320 (32 m Rettungshöhe) ist die erste dieses Typs bei einer deutschen Feuerwehr, außerdem wurde erstmals das Fahrgestell Mercedes-Benz Econic 1828 L für eine GMB verwendet

(288) Im Jahre 2000 nahm die BF Chemnitz eine TMB Bronto Skylift F 42 HDT in Dienst. Hier kam ein Fahrgestell Mercedes-Benz Econic 2628 L mit Nachlauf-Lenkachse zur Anwendung

(289) Produkte von Bronto Skylift finden sich auch als Zusatzausstattung auf Sonderlöschfahrzeugen. So beschaffte die BF Essen im Jahr 2000 mit Beteiligung eines in Essen ansässigen Chemieunternehmens dieses GTLF 48/50/5-500 mit einem Löscharm WFT 20 von Bronto Skylift. Ziegler fertigte den Aufbau, das Fahrgestell ist ein Mercedes-Benz Actros 2540 L (6x2/2) mit einer gelenkten Hinterachse. Das GTLF führt folgende Löschmittel mit: 5000 Liter Wasser, 500 Liter AFFF, 500 kg Löschpulver (Minimax). Die Feuerlöschpumpe von Ziegler ist eine FP 48/8 mit Hochdruckteil

(290) Die erste Bronto Skylift TLK 23-12 (Die Abkürzung bedeutet „Teleskop-Leiter mit Korb", obwohl es sich um eine GMB handelt) auf einem Fahrgestell Mercedes-Benz Atego 1823 F nahm im Juli 2000 die FF Nauen in Dienst

(291) Nur die BF Berlin besitzt bisher eine TMB von Wumag, Typ WTF 520 (52 m Rettungshöhe). Sie ist auf dem vierachsigen Fahrgestell MAN FE 410 A (früher: 26.414 DFLC) mit Nachlauf-Lenkachse aufgebaut und seit Anfang 2001 an der Feuerwache Charlottenburg-Nord stationiert. Die Motorleistung beträgt 301 kW, das zulässige Gesamtgewicht 32 000 kg

(292) Magirus bietet seit dem Jahr 2000 ebenfalls eine TMB an, die als „Aerial Ladder Platform" (ALP) bezeichnet wird. Die erste ALP 340 (34 m Rettungshöhe), das Vorführfahrzeug von 2000, ging im November 2001 an die FF Bischofsheim. Das Fahrgestell ist vom Typ Iveco FF 260 E 34. Der Korb ist mit 400 kg belastbar

Links: (293) Vorläufer der Teleskopmastbühnen waren die „Telelifte" der Maschinenfabrik Langenfeld (MFL) Anfang der siebziger Jahre. Sie waren von MFL auf der Basis ihrer Kranfahrzeuge entwickelt worden. Den ersten Telelift TL 30/20, einen vierteiligen Teleskopmast mit fest angebrachtem Rettungs-/Arbeitskorb, beschaffte 1972 die BF Ludwigshafen. Das sfb-Fahrgestell hatte die Radformel 8x4. Nach der Ausmusterung erwarb ihn die Betriebsfeuerwehr Phantasialand in Brühl

Rechts: (294) Nach der BF Karlsruhe (1973) nahm 1975 die BF Wiesbaden einen Telelift TL 30/20 in Dienst. Die technischen Daten entsprachen dem Ludwigshafener Telelift. Weitere Telelifte wurden nicht an deutsche Feuerwehren geliefert. Alle drei Telelifte sind nicht mehr bei den betreffenden Feuerwehren im Dienst

GERÄTEWAGEN FÜR ALLE FÄLLE

Gerätewagen (GW) der Feuerwehr dienen zum Transport der verschiedensten Einsatzmittel im Feuerwehrdienst. Allen Gerätewagen ist gemeinsam, dass sie (im Gegensatz zu den Rüstwagen) über Straßenantrieb verfügen.

Von 1975 bis 1990 war ein Gerätewagen (GW) in DIN 14555, Teil 10, genormt, der zum Transport der Ausrüstung für einfache technische Hilfeleistungen bestimmt war. Von 1978 bis 1990 war in DIN 14555, Teil 11, ein Gerätewagen-Öl (GW-Öl) genormt. Er diente zum Transport von Geräten zur Bekämpfung von Mineralöl-Unfällen. Der GW-Öl wurde in den neunziger Jahren durch genormte Gerätewagen Gefahrgut (GW-G) ersetzt, die es in drei Größen (Typen) gibt: GW-G 1 mit zulässigem Gesamtgewicht von 3500 Kilogramm, GW-G 2 mit zulässigem Gesamtgewicht von 7500 Kilogramm und der GW-G 3 mit zulässigem Gesamtgewicht von 11 000 Kilogramm. Entsprechende Gerätewagen vor Erscheinen dieser Normen hießen bei den Feuerwehren „GW-Säure" oder „GW-Chemie". Den ersten GW-Chemie beschaffte die FF Groß Umstadt schon 1976. Es ist vom FNFW derzeit geplant, den GW-G 2 und GW-G 3 zu einem GW-G zusammenzuführen, der ein zulässiges Gesamtgewicht von 11 000 Kilogramm haben soll. Der GW-G 1 soll daneben bestehen bleiben.

Je nach örtlichem Bedarf der Feuerwehren gibt es eine Anzahl ungenormter Gerätewagen. Davon seien genannt: der Gerätewagen-Nachschub (GW-N), dessen Normung als GW-Logistik beabsichtigt ist, der GW-Messtechnik (GW-Mess) nach Ländervorschriften, der Gerätewagen-Atemschutz (GW-A) und der Gerätewagen-Atem-/Strahlenschutz (GW-AS).

Vorausgerätewagen (VGW) sind Feuerwehrfahrzeuge mit Straßenantrieb für den Ersteinsatz bei technischen Hilfeleistungen, vornehmlich bei Verkehrsunfällen. Vorläufer gab es bei der FF Ulm schon 1973 in Form eines „Schnellrettungswagens" (SRW) auf Ford Transit 125, der bereits mit einer hydraulischen Rettungsschere ausgerüstet war. Der SRW wurde 1978 von einem Chevrolet Suburban mit 165-PS-Benzinmotor abgelöst. Die BF Heilbronn schaffte 1974 einen Ford Consul Turnier an. Die Zahl der in Dienst stehenden VGW ist gegenüber den Vorausrüstwagen (VRW) wesentlich geringer.

(295) **Den Prototyp eines Gerätewagens GW-Chemie nach den Anforderungen des Landes Rheinland-Pfalz baute die Firma Schmitz 1978 auf dem Fahrgestell Mercedes-Benz LP 808. Er wurde an die FF Grünstadt geliefert. Die Geräteräume sind durch die von Schmitz seinerzeit eingeführte patentierte „Hubrollwand" (HuRoWa) in ganzer Breite zugänglich. Im geöffneten Zustand dient die HuRoWa als Auftritt. Die Aufnahme entstand 2004 in Grünstadt**

(296) **Gerätewagen Öl-Säure der FF Wedel. Fahrgestell: Mercedes-Benz 914, Aufbau: Schmitz, Siegen. Baujahr 1985**

(297) **Der Gerätewagen-Mess (GW-Mess) der BF Bonn ist ein typisches, nach der Richtlinie des Landes Nordrhein-Westfalen gebautes Messfahrzeug. Schmitz in Siegen lieferte ihn 1988 auf Mercedes-Benz 307 D. An der rechten Seite ist eine Markise angeordnet**

Oben: (298) Einen Gerätewagen GW-G1 nach Norm erhielt die FF Buchholz 1992. Fahrgestell: Mercedes-Benz 814 F, Aufbau: Ziegler

Mitte: (299) Einen Gerätewagen Gefahrgut (GW-G) ließ sich 1993 die FF Winsen/Luhe von Schmitz in Wilnsdorf auf der Basis des Mercedes-Benz 310 D bauen. An der rechten Fahrzeugseite kann eine Markise als Wetterschutz aufgespannt werden

Unten: (300) Gerätewagen Atemschutz/Strahlenschutz (GW-AS) der FF Rödermark. Fahrgestell: Mercedes-Benz 1124 F. Den formschönen Aufbau fertigte Rosenbauer. Baujahr 1993

(301) Der Gerätewagen Licht (GW-Licht) der BF Wolfsburg wurde von Polyma 1993 auf dem Fahrgestell VW-MAN 8.150 FAG gebaut. Die Motorleistung beträgt 110 kW, das zulässige Gesamtgewicht 8500 kg. Der vom Fahrzeugmotor angetriebene Generator hat eine Leistung von 28 kVA. Der ausfahrbare Lichtmast trägt sechs Halogenstrahler zu je 1000 W. Außerdem werden auf dem GW-Licht 150 m Ölschlängel mitgeführt

(302) Gerätewagen GW-G2 nach Norm der Kreisfeuerwehrzentrale Plön. Fahrgestell: Mercedes-Benz 1120, Aufbau: Ziegler. Baujahr 1994

(303) Den Gerätewagen Gefahrgut/Umweltschutz (GW-G/U) der BF Bremerhaven baute 1995 die Bremerhavener Firma Allhusen auf Mercedes-Benz 809

(304) **1998 beschaffte die BF Wuppertal diesen Gerätewagen Umweltschutz (GW-U).** Er wurde von der Firma Hensel Fahrzeugbau in Waldbrunn auf dem Fahrgestell Iveco EuroCargo 75 E 14 aufgebaut

(305) **Einen speziell für die Belange eines großen Chemiewerks ausgestatteten Gerätewagen Gefahrgut (GW-G)** baute Rosenbauer 1998 für die WF Boehringer in Ingelheim. Bisher einmalig ist das Fahrgestell Volvo FH 12 4X2R mit Nachlauflenkachse von Jung (6x2/2). Das zulässige Gesamtgewicht beträgt 26 000 kg, die Motorleistung 309 kW. Technische Einbauaggregate: Generator 63 kVA und Vakuum-Sauganlage von Assmann

(306) **Gerätewagen Atemschutz (GW-A)** der FF Lüneburg. Fahrgestell: Mercedes-Benz Atego 1223, Aufbau: Heines-Wuppertal. Baujahr 1999

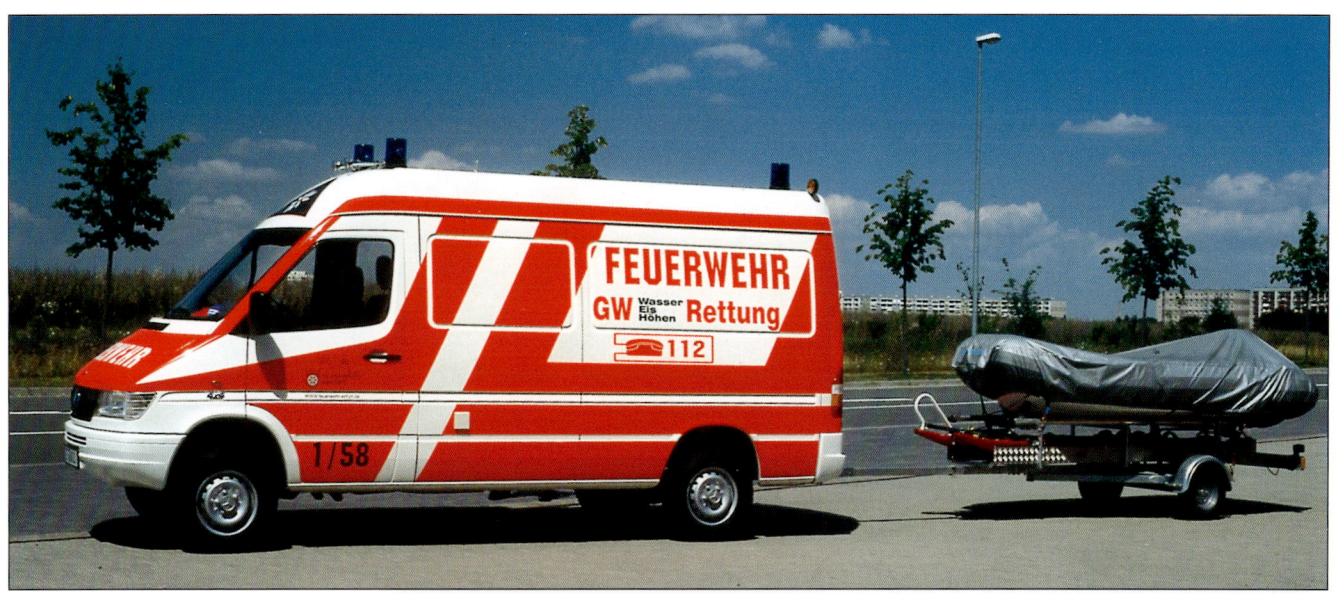

Oben: (307) **Die BF Erfurt richtete 1999 in dem allradgetriebenen Mercedes-Benz Sprinter 312 D (4x4) einen Gerätewagen „Wasser-Eis(rettung)-Höhen(rettung)" ein. Der GW-WEH ist auch Zugfahrzeug für den Schlauchboot-Anhänger**

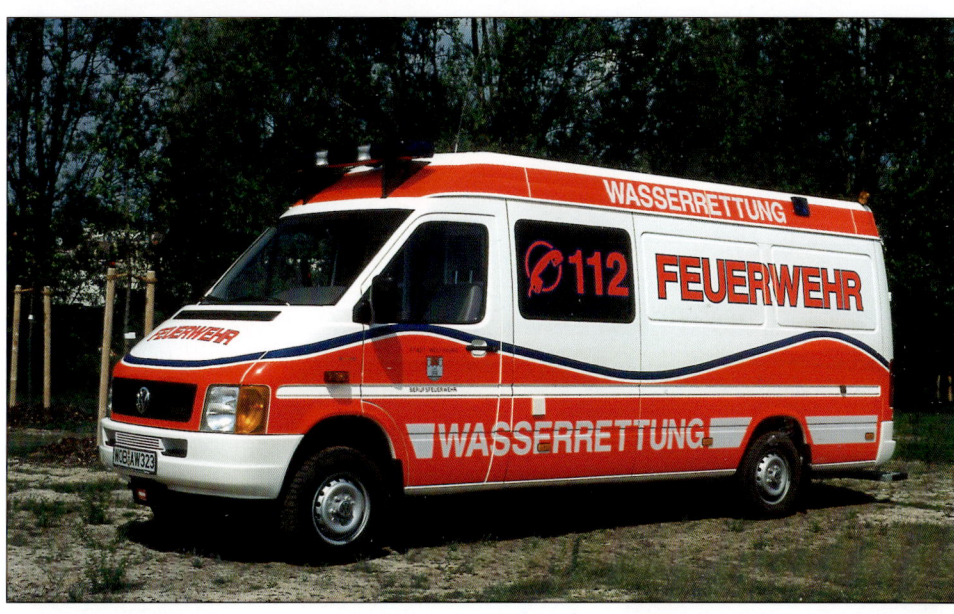

Mitte: (308) **Dieser Gerätewagen Wasserrettung (GW-W) des Baujahrs 2000 war zunächst ein Jahr lang von der BF Wolfsburg geleast, bevor sie ihn erwarb. Der VW-Kastenwagen des Typs LT 39 TDI mit langem Radstand und Allradantrieb ist von der Firma Sortimo eingerichtet worden. Vorn ist eine elektrische Seilwinde angebaut**

Unten: (309) **Die Gerätewagen Nachschub (GW-N) sind eine Entwicklung der neunziger Jahre (inzwischen als GW-Logistik genormt), als der Bedarf, besonders bei Freiwilligen Feuerwehren, nach einem Vielzweckfahrzeug aufkam. Hier der GW-N der FF Glinde, Baujahr 1999. Fahrgestell: MAN 8.163 mit Ausbau von Jessen, Hamburg. Ladebordwand MBB „Hubfix"**

Vorausgerätewagen (VGW)

(310) Bereits 1974 rüstete die BF Heilbronn einen Pkw, den Ford Consul Turnier, als Vorausgerätewagen (VGW) für Schnelleinsätze, vornehmlich bei Verkehrsunfällen, aus. Der V6-Benzinmotor hatte eine Leistung von 108 PS

(311) Da die Verbreitung von Vorausgerätewagen (und Vorausrüstwagen) ab Mitte der 1970er Jahre absehbar war, wollte Daimler-Benz ebenfalls in diesem Marktsegment präsent sein. Mangels eines eigenen Geländewagens (das G-Modell kam erst 1979 auf den Markt) ließ man in aller Eile den Kombi-Pkw MB 230.6 von Binz als VGW herrichten. 1976 wurden vier VGW auf dieser Basis an die Feuerwehren Böblingen, Sindelfingen, Friedrichshafen und Leonberg geliefert

Für technische Hilfeleistungen:

RÜSTWAGEN

Rüstwagen dienen zur Durchführung technischer Hilfeleistungen. Vorläufer waren die Gerätewagen (GW), für die seit August 1961 die DIN 14555 „Gerätewagen" galt. Es gab drei Größen: GW 1 (5000 Kilogramm zulässiges Gesamtgewicht), GW 2 (10 000 Kilogramm zulässiges Gesamtgewicht) und GW 3 (15 000 Kilogramm zulässiges Gesamtgewicht). Die Folgeausgabe dieser Norm vom April 1974 trug den Titel „Rüstwagen" und unterschied weiterhin in drei Größen: RW 1 (7500 Kilogramm zulässiges Gesamtgewicht), RW 2 (12 000 Kilogramm zulässiges Gesamtgewicht) und RW 3 (16 000 Kilogramm zulässiges Gesamtgewicht). Den RW 3 gab es sowohl mit Trupp- (1/2 Mann) als auch mit Staffelbesatzung (1/5 Mann) = RW 3-St. Die neue Bezeichnung „Rüstwagen" war aber schon lange vor Erscheinen der Norm, nämlich in den sechziger Jahren, üblich. Technische Merkmale der Rüstwagen sind Allradantrieb, fest eingebaute maschinelle Zugvorrichtung (Seilwinde), eingebauter Stromerzeuger und Lichtmast.

Das Normblatt für RW 3 und RW 3-St wurde vom FNFW 1986 mangels weiteren Bedarfs zurückgezogen, sodass die Folgeausgaben der Normen nur noch den RW 1 (Mai 1989) und den RW 2 (März 1990) zum Inhalt hatten. Seit Juni 2002 ist nur eine Größe (ein Typ) „Rüstwagen (RW)" genormt.

Rüstwagen RW 1 und RW 2

Am weitesten verbreitet waren und sind die Rüstwagen vom Typ RW 1 und RW 2. An ihrem Bau beteiligten sich außer Magirus und Metz die Firmen Schlingmann und Ziegler. Neuerdings sind die Empl GmbH mit den Werken Klöden und Elster, Rosenbauer Feuer-

(312) Die Gerätewagen waren die Vorgänger der ab 1974 genormten Rüstwagen. Gerätewagen GW 2 auf Magirus-Rundhauber F Mercur 125 A der FF Ahlen, Baujahr 1961

Links: (313) Ein typischer Gerätewagen GW 2 auf dem Kurzhauber-Fahrgestell Mercedes-Benz LAF 1113. Er wurde 1966 von Metz für den Landkreis Moers gebaut
Rechts: (314) Diesen Gerätewagen GW 3 baute Metz im Auftrag der BF Hannover im Jahr 1957. Das Fahrgestell Mercedes-Benz LA 326 hatte den bemerkenswert langen Radstand von 5,2 m, das zulässige Gesamtgewicht betrug 15 000 kg. Vorn war eine Seilwinde mit einer Zugkraft von 7500 kg angebaut

(315) 1960 baute Magirus diesen Gerätewagen GW 3 auf dem Eckhauber-Fahrgestell Magirus-Deutz F Jupiter A für die BF Stuttgart

Links: (316) 1966 erhielt die BF München von Magirus zunächst zwei Rüstwagen RW 3-St(affel) auf dem Eckhauber-Fahrgestell Magirus-Deutz FM 200 D 16 A, bis 1971 nochmals fünf RW 3-St, sodass alle damals vorhandenen Feuerwachen ausgestattet waren
Rechts: (317) Den ersten RW 3-St auf dem Frontlenker-Fahrgestell Magirus-Deutz FM 230 D 16 A beschaffte 1971 die BF Regensburg

wehrtechnik GmbH, Schmitz in Siegen-Wilnsdorf, die Joseph Lentner GmbH in Grafing und die Brändle AG Fahrzeugbau in Wil/Schweiz vertreten. Je nach Kundenwunsch werden Fahrgestelle von Iveco, MAN und Mercedes-Benz verwendet.

Rüstwagen RW 3

Rüstwagen RW 3 und erst recht die RW 3-St waren selten. Die meisten davon baute Magirus. Die BF Frankfurt am Main und die BF München waren die ersten, die 1965 bei Magirus RW 3-St in Auftrag gaben. Frankfurt erhielt 1966 drei, München 1967/68 vier RW 3-St und 1971 nochmals zwei, sämtlich auf KHD F 200 D 16 A (Eckhauber). Die Feuerwehren Berlin, Düsseldorf, Regensburg, Hanau und Worms folgten mit weiteren Bestellungen. Köln, Lübeck, Essen und Heilbronn nahmen in den siebziger Jahren RW 3 in Dienst. Die BF Regensburg erhielt 1971 als erste einen RW 3-St auf dem Frontlenkerfahrgestell KHD F 230 D 16 FA. Als Besonderheit besaß er einen Kranausleger am Heck.

Bachert und Metz haben nur wenige RW 3 gebaut, Bachert zum Beispiel für die Berufsfeuerwehren Freiburg (1969), Salzgitter (1972, ein RW 3-St) und Hamburg (1976), Metz für Duisburg (1972 und 1973). Ziegler erhielt 1983/84 von der BF München einen Auftrag über neun RW 3 auf Iveco Magirus 190-25 AHW. Für die BF Köln baute Ziegler 1989 einen RW 3 auf MAN 17.220 FAK. Die kleine, heute nicht mehr bestehende Firma Meisner in Rendsburg baute einen einzigen RW 3, und zwar 1985 für die BF Neumünster. Der auf dem Fahrgestell Mercedes-Benz 1928 AK aufgebaute Rüstwagen wies bereits tiefer gezogene Geräteräume auf, eine Bauweise, die sich bei anderen Aufbauherstellern erst später einführte.

Rüstwagen RW 2 und RW 3 sind teilweise mit einem Heckkran ausgestattet. Solche Rüstwagen werden als RW 2-Kran bzw. RW 3-Kran bezeichnet. Den ersten RW 3-Kran beschaffte 1978 die BF Kassel, und zwar auf Mercedes-Benz 1626 AK mit Aufbau von Metz.

Die FF Dreieich besitzt seit 1992 einen RW 2 mit Heckkran, der wie die österreichischen „Rüstfahrzeuge Container" (RFC) den in Aufbaumitte gelagerten Geräte-Container jeweils heraushebt und ein-

(318) Von 1972 bis 1974 beschaffte die BF Hamburg bei Metz 16 Rüstwagen RW 1 auf dem MB-Fahrgestell Unimog U 416. Der Aufbau besaß die patentierten Metz-Falttüren. Die Anbauplatte vorn konnte entweder einen Luftkompressor zum Betreiben von Druckluftwerkzeugen oder einen Schneepflug aufnehmen

(319) Den ersten Rüstwagen RW 3 mit Heckkran entwickelte 1978 die BF Kassel. Metz baute den RW 3-Kran auf dem Fahrgestell Mercedes-Benz 1626 AK

(320) 1985 baute die Firma Meisner in Rendsburg ihren einzigen Rüstwagen RW 3. Es war der erste RW 3 mit tief nach unten gezogenen Geräteräumen zu einer Zeit, als die so genannte Gerätetieflagerung bei anderen Herstellern noch kein Thema war. Den RW 3 erhielt die BF Neumünster. Als Fahrgestell wählte man den Mercedes-Benz 1928 AK

Links: (321) Als Magirus als Generalunternehmer 1970 den ersten nach Vorschlägen des Frankfurter Branddirektors Achilles gebauten Rüstwagen-Schiene vorstellte, war ein Straße-Schiene-Rüstwagen eine Weltneuheit, die für entsprechendes Aufsehen sorgte. Der erste RW-Schiene war auf dem Fahrgestell Magirus-Deutz 200 D 16 FA (Bild) der zweite, 1971 ausgelieferte auf Magirus-Deutz 232 D 19 FA aufgebaut. Die hydraulisch absenkbare Schienenführungseinrichtung stellte Waggonbau Schörling, Hannover, bei. Der Spezialaufbau mit den seitlichen Laufstegen stammte von Berger, Frankfurt. Vorn war eine 100-kN-Seilwinde von Rotzler, hinten eine Ladeplattform angeordnet. Der Einbaugenerator leistete 15 kVA
Rechts: (322) Die zweite Generation von RW-Schiene führte die BF Frankfurt am Main 1986 ein. Wiederum war Magirus der Generalunternehmer. Die Fahrgestelle der beiden neuen RW-Schiene waren verschieden: Iveco Magirus 190-32 AH (Bild) und 320 M 19 FKL. Die Aufbauten der beiden RW-Schiene fertigte diesmal Magirus, während die Schienenführungseinrichtung wieder von Schörling stammte

setzt. Rosenbauer baute diesen Rüstwagen auf dem Mercedes-Benz-Fahrgestell 1222 AF/36. Bereits 1988 hatte die WF DOW Chemical in Stade ein Rüstfahrzeug RFC erhalten, und zwar auf dem Fahrgestell Mercedes-Benz LA 1113 B.

Die bisher einzigen Rüstwagen RW 2-Kran auf Scania-Fahrgestellen, Typ P 113 HK, stammen aus einem nicht abgewickelten Exportauftrag der Firma Ziegler über 19 Einheiten. Fünf RW 2-Kran vom Baujahr 1994 gingen 1998/99 an die Freiwilligen Feuerwehren Neuruppin, Homburg/Saar, Zweibrücken und Kirchheimbolanden sowie zur NATO Airbase in Geilenkirchen.

Sonstige Rüstwagen

Außer den genormten Rüstwagen gibt es eine Reihe von speziellen RW. Dazu zählen: RW-Öl (heute kaum noch im Dienst), RW-Umweltschutz (RW-U) und RW-Schiene (RW-Sch). Die ersten beiden RW-Schiene in Deutschland gingen 1970/71 bei der BF Frankfurt am Main in Dienst. Die verwendeten Fahrgestelle waren vom Typ Magirus-Deutz 232 D 16 FA. Die zweite Frankfurter Generation wurde 1986 eingeführt, diesmal auf Fahrgestellen Iveco Magirus 190-32 AH. Weitere RW-Schiene beschafften 1975 die BF Bonn von Magirus auf Magirus-Deutz 232 D 17 FA (Ersatz kam 1998 von Rosenbauer auf MAN 19.293 FAC), 1984 die BF Stuttgart von der Karosseriefabrik Biberach auf MB-Unimog 1250 L und 1993 die BF Dresden von Ehrhardt (ersetzt 1999 von BTG-Magirus auf Mercedes-Benz 1124 AF).

Eine andere, technisch sehr interessante Lösung für Hilfeleistungen im Bereich von (teilweise unterirdisch verlaufenden) Straßenbahnstrecken fand die BF Duisburg. Den von ihr geplanten Abrollbehälter „RüstSchiene" baute 1996 die Firma Bucher-Schörling, Hannover. Der Abrollbehälter, der im Einsatzfall mit einem Wechselladerfahrzeug zum Einsatzort gebracht wird, besitzt einen Schienenfahrsatz und fährt, von einem 59 kW leistenden Mercedes-Benz-Motor angetrieben nach Aufgleisung selbständig auf der Schiene weiter. Je ein Fahrstand vorn und hinten erleichtern die An- und Rückfahrt, insbesondere in Tunnelstrecken.

Einen einzigartigen Rüstwagen (offiziell: GW-Kran) nahm die FF Reutlingen (seit 1. Januar 2004 Berufsfeuerwehr) 2002 in Dienst.

Magirus baute ihn auf dem 4x4/4-Spezialfahrgestell „Octopus", das die Spezialfahrzeugbau Titan GmbH in Backnang konstruierte und fertigte. Der Markenname steht für „Optimized Chassis Technology with optional Pump pipework in Unbending Skeletons", zu Deutsch etwa: Optimierte Fahrgestelltechnologie mit optionalem Pumpen-Leitungssystem in verwindungssteifem Rahmen. Der Rahmen besteht nämlich nicht aus den üblichen Stahllängsprofilen mit Querstreben, sondern aus miteinander verschweißten Edelstahlrohren. Der Rüstwagen besitzt Allradantrieb, Allradlenkung und hydropneumatische Einzelradfederung. Der Motor ist über der Hinterachse, also weit von der Truppkabine entfernt angeordnet, sodass ein sehr niedriger Schallpegel herrscht. Der Aufbau ist in AluFire- und GfK-Technik ausgeführt. „Octopus"-Fahrgestelle kamen nur noch bei den drei Hilfeleistungs-Löschfahrzeugen der BF Duisburg zur Verwendung – siehe Kapitel „Hilfeleistungs-Löschfahrzeuge".

Vorausrüstwagen

In den siebziger Jahren führte sich eine neue Gattung von Rüstwagen ein: die Vorausrüstwagen (VRW). Es sind Feuerwehrfahrzeuge mit Allradantrieb für den Ersteinsatz bei technischen Hilfeleistungen, vornehmlich bei Verkehrsunfällen. VRW sind auf der Basis von Geländewagen eingerichtet. Vorläufer waren die beiden so genannten „Schnellbergungswagen (SBW), die 1974 von der Björn-Steiger-Stiftung der BF Stuttgart und der FF Esslingen übergeben wurden. Diese SBW waren auf der Basis des Range Rover von Ziegler ausgebaut worden. 1977 stellte die FF Miltenberg einen Fiat Campagnola mit Allradantrieb als VRW in Dienst. Das Land Baden-Württemberg blieb Vorreiter und führte VRW in großem Stil ein, hauptsächlich auf der Basis des Range Rover und Chevrolet Suburban. Andere Bundesländer, vor allem Nordrhein-Westfalen, folgten mit VRW-Beschaffungen. Beliebt sind bis heute japanische Geländewagen und das G-Modell von Mercedes-Benz, das es seit 1979 gibt. In Baden-Württemberg erhielten 1990 als erste die Freiwilligen Feuerwehren Hockenheim, Engstingen und Giengen auf Mercedes-Benz 230 GE, die FF Heidenheim auf Mercedes-Benz GE 280. VW stellt mit dem Transporter „syncro" ein geeignetes Modell zur Verfügung.

(323) Die WF DOW Chemical in Stade beschaffte 1988 einen Rüstwagen von Rosenbauer nach dem Vorbild Österreichs. Dort sind so genannte „Rüstfahrzeuge Container" (RFC) üblich, bei denen mittels eines Bordkrans ein in der Aufbaumitte gelagerter Geräte-Container abgesetzt werden kann. Es wurde ein Fahrgestell Mercedes-Benz LA 1113 B verwendet. Technische Ausstattung: Heckkran von Hiab, Seilwinde Rotzler „Treibmatic" 50 kN Zugkraft, Generator 20 kVA und Lichtmast mit zwei Flutlichtstrahlern zu je 1500 W

(324) Die FF Dreieich erhielt 1992 ebenfalls einen Rüstwagen RFC von Rosenbauer. Fahrgestell war ein Mercedes-Benz 1222 AF/36. Technische Ausstattung: Heckkran von Hiab, Seilwinde Rotzler „Treibmatic" 50 kN Zugkraft, Generator 20 kVA und Lichtmast mit zwei Flutlichtstrahlern zu je 1500 W

Links: (325) Wie bei den Löschgruppen- und Tanklöschfahrzeugen (siehe Nr. 067 und Nr. 137) wurden auch Rüstwagen im GST-Design von Metz gebaut, insgesamt elf. Den ersten RW 2 erhielt 1989 die FF Espelkamp, den zweiten, hier gezeigten, 1990 die BF Gießen. Als Fahrgestell war der Mercedes-Benz 1224 AF gewählt worden
Rechts: (326) Ein typischer RW 1 nach Norm ist dieser RW 1 der FF Salzhausen, der 1994 von Schlingmann auf dem Fahrgestell Mercedes-Benz 917 AF gebaut wurde

(327) Der RW 2-Kran der NATO-Feuerwehr am Standort Geilenkirchen (dort sind mehrere Aufklärungsflugzeuge AWACS stationiert) ist einer von fünf, die aus einem nicht zustande gekommenen Exportauftrag der Firma Ziegler stammten und an deutsche Feuerwehren verkauft wurden. Das Fahrgestell war ein Scania P 113 HK. Die Lieferung erfolgte 1994

Links: (328) Bei der Firma Assmann in Lauffen am Neckar bestellte die BF Karlsruhe 1995 einen „Rüstwagen-Saug" für Gefahrguteinsätze. Auf dem Fahrgestell Mercedes-Benz 2528 K (6x4) ist ein Edelstahlbehälter gelagert, der 7000 Liter fasst. Flüssigkeiten und staubförmige Stoffe werden mittels der fest eingebauten Vakuumpumpe, deren maximale Förderleistung 570 m³/h beträgt, aufgenommen
Rechts: (329) Einen speziellen RW 3-Umweltschutz besitzt die WF Merck, Darmstadt, seit 1995. Das Fahrgestell ist ein MAN 26.342 (6x4/2), den Aufbau stellte die Schweizer Firma Brändle her

Links: (330) Die österreichische Karosseriefirma Empl, die seit 1992 einen Zweigbetrieb in Klöden/Sachsen (und seit 2002 in Elster/Sachsen) unterhält, baute 1996 ihren ersten RW 1 für die FF Bad Vilbel. Das Fahrgestell ist ein Mercedes-Benz 917 AF
Rechts: (331) Ein typischer Rüstwagen RW 2 von Magirus ist dieser RW 2 der FF Ravensburg, der 1996 auf dem Fahrgestell Iveco-Magirus 135 E 24 W gebaut wurde

Oben: (332) **Eine völlig andere technische Konzeption als Frankfurt hat die BF Duisburg für Einsätze im Bereich des städtischen Schienennetzes gefunden. Das von ihr entwickelte Schienenfahrzeug baute 1996 die Firma Bucher-Schörling, Hannover. Es wird von einem Mercedes-Benz-Motor, Leistung 59 kW, angetrieben. Das Fahrzeug wird mit einem Wechselladerfahrzeug zur Einsatzstelle gebracht**

Mitte: (333) **Die BF Bonn beschaffte 1998 diesen RW-Schiene als Ersatz ihres RW-Schiene von 1975, der dem Frankfurter RW-Schiene von 1971 entsprach. Der neue RW-Schiene wurde von Rosenbauer auf dem Fahrgestell MAN 19.293 FAC gebaut. Die Schienenführungseinrichtung stellte die Firma Bucher-Schörling bei**

Unten: (334) **Der RW-Schiene der BF Dresden ist von BTG (Brandschutztechnik Görlitz)-Magirus und Titan auf dem Fahrgestell Mercedes-Benz 1124 AF mit Hinterachslenkung aufgebaut. Die Schienenführungseinrichtung stammt von der Zweiweg Schneider GmbH in Leichlingen. Vorn ist eine HPC-Seilwinde, Zugkraft 80 kN, eingebaut. Baujahr und Indienststellung des RW-Schiene: 1999**

(335) Erstmals wurde 1998 das Fahrgestell Mercedes-Benz Actros 1831 zum Bau eines RW 2 verwendet. Die BF Herne bestellte ihn bei Magirus in AluFire-Technik. Die feuerwehrtechnische Ausstattung besteht aus einer Seilwinde Rotzler „Treibmatic" mit einer Zugkraft von 80 kN, Stromerzeuger 20 kVA und zwei Lichtmasten

(336) Ihren ersten RW 2 baute die Firma Schmitz, Siegen, 1999 unter Verwendung des Fahrgestells MAN 14.224 LA-LF für die BF Köln

(337) Seinen ersten RW 2 auf Mercedes-Benz Atego 1225 AF lieferte der Hersteller Schlingmann 2000 an die FF Kaltenkirchen. Der Aufbau ist in „Quadraline"-Technik hergestellt

(338) RW-Umweltschutz nennt die BF Stuttgart ihr neues Sonderfahrzeug für Umweltschutz-Einsätze, obwohl das Fahrgestell Mercedes-Benz Atego 917 F keinen Allradantrieb besitzt, wie für Rüstwagen nach Norm gefordert. Den Aufbau stellte Magirus 1999 in AluFire-Technik her

(339) Einen einzigartigen Rüstwagen (offiziell: GW-Kran), der ein Einzelstück bleiben wird, stellte die FF Reutlingen (seit 1. Januar 2004 Berufsfeuerwehr) im Februar 2002 in Dienst. Er ist von Magirus auf dem eigens entwickelten 4x4/4-Fahrgestell „Octopus" aufgebaut, das die Firma Titan aus geschweißten Edelstahlrohren gefertigt hat. Der Rüstwagen besitzt Allradantrieb, Allradlenkung und hydropneumatische Einzelradfederung. Da der Iveco-Dieselmotor, Leistung 259 kW, über der Hinterachse angeordnet ist, herrscht in der Truppkabine ein ungewohnt niedriger Schallpegel. Der Aufbau ist in AluFire- und GfK-Technik ausgeführt. Die HPC-Seilwinde und der 30-kVA-Generator werden hydrostatisch angetrieben. Eine nette Ausschmückung ist der stilisierte Feuerwehrmann auf den hinteren Rolläden links und rechts

Links: (340) Die BF Stuttgart und FF Esslingen erhielten 1974 bzw. 1975 von der Björn-Steiger-Stiftung als erste einen „Schnellbergungswagen" (SBW), später in Vorausrüstwagen (VRW) umbenannt. Hierfür war das englische Geländewagen-Modell Range Rover mit V8-Benzinmotor, Leistung 132 PS, ausgewählt worden. Ziegler besorgte den Innenausbau. Die technische Ausstattung umfasste eine elektrische 1,6-t-Vorbauseilwinde und einen auf 5,9 m ausziehbaren Lichtmast. Zur Beladung gehörte auch eine hydraulische Rettungsschere, damals ein neuartiges Feuerwehrgerät. Hier im Bild der Stuttgarter SBW

Rechts: (341) 1977 nahm die FF Miltenberg einen Geländewagen Fiat Campagnola mit Allradantrieb als VRW in Dienst. Dieser VRW war in Zusammenarbeit mit den Karosseriewerken Weinsberg und der Björn-Steiger-Stiftung konzipiert worden. Der Vierzylinder-Benzinmotor leistete 80 PS. Fest eingebaut waren ein Stromerzeuger 5 kVA und ein Flutlichtmast „Stem-Lite". Als wichtigste Beladung waren hydraulisches Schneid- und Spreizgerät, Motorsäge und Trennschleifer vorhanden

(342) Die FF Rendsburg erhielt 1977 einen Vorausrüstwagen auf der Basis des Range Rover V8. Dieser VRW wurde von der Rendsburger Firma Meisner zweckentsprechend eingerichtet. Außer Vorbauseilwinde und Lichtmast gehörte eine Lightwater-Löschanlage zur Ausstattung

(343) Die Geländewagen-Serie (G-Modell) von Mercedes-Benz war (und ist) als Basismodell für VRW sehr beliebt. Die FF Müllheim nahm 1985 diesen MB 280 GE mit Ziegler-Ausbau in Dienst. Mit einer Leistung von 150 PS war der VRW gut motorisiert

VOM RÜSTKRANWAGEN ZUM FEUERWEHRKRANWAGEN

Zum Heben schwerer Lasten standen den deutschen Feuerwehren in den ersten Nachkriegsjahren Rüstkranwagen (RKW) zur Verfügung. Darunter sind Rüstwagen mit einer Kraneinrichtung zu verstehen. Zu ihrem Bau verwendeten die Firmen Magirus und Metz zwei- und dreiachsige Lkw-Fahrgestelle, auf die sie einen geschlossenen Aufbau mit einer elektrisch betriebenen Kraneinrichtung setzten, zunächst in Form eines herausklappbaren Auslegers am Heck, später als rundum drehbaren gitterförmigen Kranausleger. Magirus gelang es als erstem Hersteller 1951, einen RKW 7, also mit maximaler Traglast von 7000 Kilogramm, herauszubringen. Die ersten RKW 7 in Deutschland bestellte 1951 die Regierung Saarbrücken und verteilte sie an die Freiwilligen Feuerwehren Saarlouis, Neunkirchen und Völkingen. Das Fahrgestell war ein KHD S 6500 mit Straßenantrieb. Insgesamt lieferte Magirus zwölf RKW 7. Die BF Dortmund erhielt 1952 den ersten RKW 7 auf dem Rundhauber-Allrad-Fahrgestell S 6500 A. 1958 erhöhte Magirus die maximale Traglast auf 10 000 Kilogramm. Von 1958 bis 1965 beschafften elf deutsche Feuerwehren einen RKW 10. Den ersten erhielt 1958 die FF Wanne-Eickel.

Währenddessen war die Firma Metz nicht untätig geblieben. Ihr erster RKW 10 wurde 1952 an die BF Kassel geliefert, und zwar auf einem Henschel-Fahrgestell, Typ HS 140. Es folgte ein Jahr später ein RKW 10 auf Mercedes-Benz L 6600 für die BF Hamburg und 1955 der erste und einzige RKW 10 auf MAN 758 L1 für die BF Nürnberg. Einzigartig war auch der RKW 10 auf dem französischen Fahrgestell Latil H 12 B 10 L für die BF Saarbrücken im Jahr 1956. Ein weiteres bemerkenswertes Einzelstück war 1956 der RKW 10 für die BF Krefeld auf dem Pullman-Fahrgestell Mercedes-Benz LP 333. Insgesamt lieferte Metz neun RKW 10 an deutsche Feuerwehren.

Anfang der 1960er Jahre zog die Hydraulik – wie bei den Drehleitern – auch bei den (Rüst-)Kranwagen ein. Magirus baute 1957 seinen ersten Kranwagen KW 15 mit hydraulischer Betätigung, den die BF Stuttgart im Mai übernahm. Fahrgestell war der hauseigene Magi-

(344) Der Feuerwehrgerätefabrik Magirus gelang es bereits Anfang der fünfziger Jahre, eine kleine Serie von zwölf Rüstkranwagen (RKW) mit der noch bescheidenen, aber damals meist noch ausreichenden Traglast von 7000 kg aufzulegen. Als Fahrgestelle verwendete Magirus sowohl die hauseigenen Haubenfahrzeuge S 6500 A als auch die „Rundhauber", Typ KHD S 6000, also mit Straßenantrieb. Der kurze Kranausleger wurde auf dem Dach abgelegt. Die elektrisch betriebene Kraneinrichtung speiste ein vom Fahrmotor angetriebener Generator mit einer Leistung von 18 kVA. Die Freiwilligen Feuerwehren Völkingen, Neunkirchen und Saarlouis erhielten 1952 die ersten RKW 7. Das Foto zeigt den Prototyp, der 1951 auf der IAA in Frankfurt ausgestellt und anschließend an die Feuerwehr der Hauptstadt Tananarive in Madagaskar geliefert wurde

(345) Der Rüstkranwagen RKW 7, den die BF Dortmund ebenfalls im Jahr 1952 beschaffte, war der einzige, der auf dem Allrad-Fahrgestell KHD S 6500 A aufgebaut war. Der „Rundhauber" mit dem Staffelfahrerhaus und dem sich fast nahtlos anschließenden Aufbau, der viel Platz für Geräte bot, wirkt kraftvoll und gleichzeitig gefällig. Der luftgekühlte Achtzylinder-Dieselmotor leistete 170 PS

rus-Deutz Uranus A (Allrad). Vom Typ KW 15 wurden für deutsche Feuerwehren insgesamt zehn Stück gebaut. 1961 erhöhte Magirus die maximale Traglast auf 16 000 Kilogramm. Beim KW 16 war nun auch die Betätigung der Abstützungen hydraulisch, und der Hilfsausleger wurde mit Hydraulikstempeln ausgefahren. Den ersten KW 16 erhielt die BF Wiesbaden 1961. Fahrgestell war wiederum ein Magirus-Deutz Uranus A. Bis 1966 verkaufte Magirus an deutsche Feuerwehren noch 21 KW 16. Mit dem neuen KW 20 wollte Magirus 1969 seine Erfolgsserie fortsetzen. Von den 13 produzierten KW 20 gingen jedoch nur zwei Stück an eine deutsche Feuerwehr, und zwar an die BF Berlin (1969 und 1970). Das Fahrgestell war ein Magirus-Deutz 270 D 26 AK (6x6). Der KW 20 von 1970 ist übrigens noch heute (2004) bei der Berliner Feuerwehr im Dienst.

Metz baute nur einen einzigen RKW mit hydraulischem Antrieb: den RKW 10 h für die FF Ingolstadt (seit 1993 Berufsfeuerwehr) im Jahre 1965, und zwar auf dem Fahrgestell Mercedes-Benz LAK 2220 (6x4). Metz wendete hier die bei ihren Drehleitern bewährte Hydrauliktechnik entsprechend an, d.h. sowohl für alle Kranbewegungen als auch für die Betätigung der Abstützungen. Ihren letzten Kranwagen, einen KW 20, baute die Firma Metz 1971 unter Verwendung des Lkw-Fahrgestells von Mercedes-Benz, Typ LAK 2624 (6x6), im Jahr 1971 für die BF Mönchengladbach.

Außer den Firmen Magirus und Metz waren die Kranhersteller Krupp-Ardelt, Maschinenfabrik Langenfeld (MFL) und Kirsten in geringem Umfang am Feuerwehrgeschäft beteiligt. Die BF Mülheim und die BF Essen ließen sich von Krupp-Ardelt bzw. Krupp-Kirsten Kranwagen bauen, selbstverständlich auf Lkw-Fahrgestellen von Krupp. 1963 baute Krupp-Ardelt für die BF Mannheim einen Kranwagen KW 15 auf dem vierachsigen Faun-Fahrgestell LK 1212 (8x6). Es war übrigens der erste Vierachser überhaupt bei einer deutschen Feuerwehr. Bemerkenswert ist auch der KW 20 von MFL für die BF Solingen im Jahr 1973, weil das bei Feuerwehren sehr seltene Haubenfahrgestell Magirus-Deutz 310 D 26 AK Verwendung fand. Ebenfalls einmalig ist der KW 20 der BF Kaiserslautern, den die französische Firma Richier 1976 auf einem Allrad-Fahrgestell von Berliet baute.

Als die Feuerwehren in den siebziger Jahren erheblich höhere Traglasten als die bisher üblichen 20 Tonnen und vor allem größere Ausladungen verlangten, ging die Zeit der Lkw-Fahrgestelle im Kranwagenbau zu Ende. Hersteller wie Leo Gottwald in Düsseldorf und die Liebherr-Werk GmbH Ehingen in Ehingen, die seit langem kommerzielle Teleskopkranwagen der verschiedensten Gewichtsklassen bauten, kamen nun ins Feuerwehrgeschäft. Um als Feuerwehrkräne (FwK) geeignet zu sein, müssen deren übliche Teleskopkräne modifi-

(347) **Die BF Hamburg bevorzugte bei ihrem 1953 bei Metz in Auftrag gegebenen RKW 10 ein Fahrgestell von Mercedes-Benz. Es wurde der Typ L 6600 mit Sechszylinder-Dieselmotor mit einer Leistung von 145 PS verwendet. Vorn war eine 100-kN-Seilwinde, hinten ein 40-kN-Spill angebaut. Mithilfe der absenkbaren Stützrollen am Heck konnten Lasten verfahren werden. Der RKW 10 war von 1953 bis 1970 im Einsatz**

(348) **Bei der BF Nürnberg musste natürlich ein MAN-Fahrgestell, Typ 758, für ihren RKW 10 verwendet werden. Metz lieferte den RKW 10 im Jahre 1955. Eine mächtige Seilwinde mit einer Zugkraft von 100 kN war vorne angebaut. Weitere RKW auf MAN-Fahrgestellen gab es nicht. Daher ist es zu begrüßen, dass dieser RKW 10 nach seiner Aussonderung im Jahre 1978 nicht verschrottet, sondern dem Nürnberger Museum für Industriekultur übergeben wurde**

(346) **Wie für mehrere ihrer Löschfahrzeuge und Drehleitern wählte die BF Kassel auch für ihren RKW 10, den sie 1952 bei der Firma Metz bestellte, ein Fahrgestell von Henschel & Sohn in Kassel. Alle Kranauslegerbewegungen wurden über DEMAG-Elektrozüge bewirkt. Am Heck war ein Spill angebaut. Das Fahrgestell vom Typ HS 140 besaß einen Sechszylinder-Dieselmotor mit einer Leistung von 140 PS. Der RKW 10 blieb bis zum Jahr 1965 im Dienst, als ein KW 16 von Magirus die Nachfolge antrat**

(349) **Einmalig ist auch dieser RKW 10 von Metz, der auf dem Pullman-Fahrgestell Mercedes-Benz LP 333 aufgebaut wurde. Die BF Krefeld beschaffte ihn 1956. Die vorn angebaute monströse 100-kN-Seilwinde wirkt bei der Pullman-Karosserie leicht störend**

(350) Je nach Kundenwunsch baute Metz den RKW 10 auf verschiedenen Fahrgestellen auf. Als die Regierung des Saarlandes 1956 ein französisches Chassis vorschrieb, konnte sie prompt mit dem Latil H 12 B 10 L bedient werden. Stationiert wurde dieser RKW 10 mit Front-Seilwinde bei der BF Saarbrücken

(351) Die BF Offenbach erhielt 1957 von Metz diesen RKW 10 auf dem Fahrgestell Mercedes-Benz LAKo 315/46. Im Unterschied zu anderen Metz-Rüstkranwagen besaß er keinen geschlossenen Aufbau. Der RKW befindet sich heute im Deutschen Feuerwehr-Museum in Fulda, wo auch diese Aufnahme 1999 entstand

121

Links: (352) 1958 erhöhte die Firma Magirus die maximale Traglast ihrer Rüstkranwagen auf 10 t. Den ersten RKW 10 nahm 1958 die FF Wanne-Eickel in Dienst. Für diese Rüstkranwagen nutzte Magirus die stärkeren Fahrgestelle vom Typ F Jupiter A 7500, die luftgekühlte Dieselmotoren mit 170 PS besaßen. Der hier gezeigte RKW 10 für die FF Bamberg war der vierte gelieferte, Baujahr 1960. Er ist als Museumsfahrzeug erhalten. Diese Aufnahme entstand beim Oldtimertreffen 1997 in Ulm
Rechts: (353) 1965 baute Metz den ersten und einzigen RKW 16 h auf der Grundlage ihrer hydraulisch betätigten Drehleitern, also auch mit hydraulischen Abstützungen. Diesen RKW 16 h auf dem Fahrgestell Mercedes-Benz LAK 2220/36 (6x4) beschaffte die FF Ingolstadt (seit 1993 BF)

Links: (354) Fahrgestelle der Fried. Krupp Motoren- und Kraftwagenfabriken GmbH in Essen wurden vereinzelt von Feuerwehren im Ruhrgebiet genutzt. Da Krupp 1953 die Kranbaufirma Ardelt in Wilhelmshaven übernommen hatte, waren Beschaffungen von kompletten Kranwagen von Krupp möglich. 1956 entschied sich die BF Mülheim a. d. Ruhr für einen KW 15 von Krupp-Ardelt auf dem Fahrgestell Drache AK 80 DR 4. Dessen Vierzylinder-Zweitakt-Dieselmotor leistete 145 PS. Dieser Kranwagen gehört heute zur historischen Sammlung von Dr. Fritz Hardach in Oldenburg, der weitere Krupp-Feuerwehrfahrzeuge (siehe Nr. 051 und Nr. 215) besitzt. Dort entstand 1999 diese Aufnahme
Rechts: (355) 1960 beschaffte die BF Essen einen KW 12 von der bei Trier ansässigen Firma Kirsten auf dem Krupp-Fahrgestell LF 301. Der Vierzylinder-Zweitakt-Dieselmotor von Krupp leistete 150 PS. In den frühen 1980er Jahren wurde der Kranwagen ausgesondert und anschließend verschrottet

ziert werden, zum Beispiel durch Einbau von Seilwinden und Gerätekästen. Der Begriff „Feuerwehrkran" wurde offiziell in die DIN 14502, Teil 1, „Feuerwehrfahrzeuge, Übersicht" vom Januar 1989 eingeführt. Dort wird er definiert: „Ein Feuerwehrkran ist ein Kranfahrzeug mit zusätzlicher feuerwehrtechnischer Ausstattung."

Gottwald konnte mehrere, für die Feuerwehrbelange leicht modifizierte Mobilkrane der Baureihe AMK 45-21, maximale Traglast 20 000 Kilogramm, liefern. Den ersten FwK 20 erhielt 1969 die BF München, gefolgt 1970 von der BF Hamburg. Das aus dem eigenen Hause stammende Fahrgestell war zweiachsig und besaß Allradantrieb und -lenkung. Auf Fremdfahrgestell lieferte Gottwald diesen Typ 1970 an die BF Offenbach (Faun FK 20). Die BF Berlin bestellte 1971 die Baureihe AMK 45-31 als FwK 30 und BF Duisburg ebenfalls 1971 die Baureihe AMK 65-41 als FwK 40. Insgesamt hat Gottwald von 1969 bis 1984 wohl 14 Kranwagen an deutsche Feuerwehren verkaufen können. Besonders zu erwähnen ist noch der FwK 40 der Berliner Feuerwehr von 1979, der auf einem vierachsigen MAN-Fahrgestell aufgebaut war.

Inzwischen war mit der Firma Liebherr ein mächtiger Konkurrent entstanden, der sich bis heute als Marktführer behauptet. Der erste Feuerwehrkran, Modell LT 1030, mit einer maximalen Traglast von 30 000 Kilogramm, ging 1974 an die BF Kiel. Es folgte 1975 die BF München mit dem Modell LT 1045, maximale Traglast 45 000 Kilogramm. Die BF Hamburg bestellte 1987 als erste einen FwK der Baureihe LTM 1050, der bei entsprechendem Hebegeschirr bis zu 50 000 Kilogramm heben konnte. Ein Jahr später entschied sich auch die BF Heilbronn für die Baureihe LTM 1050. Zwei weitere Abnehmer dieses Typs waren 1991 die BF München und die BF Pforzheim. 1998 ging die BF München sogar noch einen Schritt weiter, als sie einen FwK der Baureihe LTM 1070/1 erwarb. Ebenso erhielten 1999 die FF Garmisch-Partenkirchen und die BF Nürnberg diesen bisher leistungsfähigsten Feuerwehrkran.

In den siebziger Jahren bot die Firma Hydrokran GmbH in Hohentengen in der Gewichtsklasse 25 bis 30 Tonnen ihr zweiachsiges Modell „Saturn" an, das sich durch hydropneumatische Federung, Scheibenbremsen, Allradantrieb und Allradlenkung auszeichnete. Die erste

(356) Einen einzigartigen KW 15 bestellte 1963 die BF Mannheim bei Krupp-Ardelt auf dem vierachsigen Fahrgestell Faun LK 1212/48 VA (8x6/4). Es war übrigens der erste Vierachser bei einer deutschen Feuerwehr überhaupt. Die Achsen 2, 3 und 4 waren angetrieben, die beiden Vorderachsen gelenkt. Ein luftgekühlter Deutz-Dieselmotor leistete 250 PS. Die Heckseilwinde hatte eine Zugkraft von 100 kN. Der KW 15 kam nach seiner Ausmusterung 1999 ins Landesmuseum für Technik und Arbeit in Mannheim

Feuerwehr, die den Typ F 25 (Traglast 25 000 Kilogramm) beschaffte, war 1977 die BF Frankfurt am Main, ein Jahr später kam das stärkere Modell F 26 (Traglast 30 000 Kilogramm) hinzu. Mehrere „Saturn"-Kräne sind heute noch im Einsatzdienst.

Als Weltneuheit bezeichnete 1989 die Firma Krupp, Geschäftsbereich Fahrzeugkrane, in Wilhelmshaven ihren dreiachsigen Kranwagen „KMK Megatrack". Seine technischen Merkmale sind: Allradantrieb, hydropneumatische Einzelradfederung, beide Vorderachsen gelenkt, Hinterachslenkung zuschaltbar. Hier griff die BF Offenbach 1989 als erste zu und erwarb den Typ KMK 3040, der eine maximale Traglast von 30 000 Kilogramm bot. Die zweite Feuerwehr war ein Jahr später die BF Mainz mit dem KMK 3045. Sechs weitere Berufsfeuerwehren (Bremen, Aachen, Fulda, Köln, Freiburg und Frankfurt am Main) folgten bis 1993. Danach wurde die Produktion des „KMK Megatrack" eingestellt. Der Geschäftsbereich Fahrzeugkrane wird seit 1995 als „Deutsche Grove GmbH" weitergeführt, ist aber bisher nicht im Feuerwehrsektor tätig gewesen.

Der FwK 45 der BF Darmstadt entstand 1995 in Zusammenarbeit des spanischen Mobilkranunternehmens Talleres Luna in Huesca mit der Allkran Hellmich GmbH in Riedstadt. Der dreiachsige Feuerwehrkran besitzt Allradantrieb, Allradlenkung und automatische Niveauregulierung.

Als „modernen" Rüstkranwagen kann man das so genannte Kran-Bergefahrzeug (KBF) der BF Wolfsburg bezeichnen, das sie 1998 beschaffte. Zikun Fahrzeugbau in Riegel baute es auf dem MAN-Fahrgestell 27.343 DFAC. Der Atlas-Kran, Typ AK 6500 T, kann 12 000 Kilogramm bei 2,50 Metern Ausladung heben.

(357) Einer der wenigen Kranwagen, den die Maschinenfabrik Langenfeld (MFL) an Feuerwehren lieferte, war 1969 dieser KW 25 der BF Ludwigshafen, Typ AK 2518. Als Fahrgestell war der Faun-Vierachser KF 30.41 gewählt worden

(358) **1957 kam Magirus mit einem Kranwagen mit 15 t Traglast auf den Markt.** Aus dem eigenen Hause stammte das dreiachsige Eckhauber-Fahrgestell Magirus-Deutz Uranus A. Der luftgekühlte V12-Dieselmotor hatte eine Leistung von 250 PS. Den ersten KW 15 beschaffte die BF Stuttgart

(359) **1961 erhöhte die Firma Magirus die Traglast ihrer Kranwagen von 15 t auf 16 t.** Dieser KW 16 war ebenfalls auf dem Fahrgestell Uranus A aufgebaut. Die BF Wiesbaden erhielt im August 1961 den ersten KW 16

(360) **1969 steigerte Magirus die Traglast der Kranwagen nochmals, und zwar auf 20 t.** Von den insgesamt 14 gebauten KW 20 gingen nur zwei an eine deutsche Feuerwehr: 1969 und 1970 nach Berlin. Das Fahrgestell war vom Typ 270 D 26 AK (6x6). Der V8-Dieselmotor hatte eine Leistung von 270 PS, während die ins Ausland gelieferten KW 20 mit 240-PS-Motoren ausgestattet waren. Die Spillwinde hatte eine Zugkraft von 15 t. Der 1970 gelieferte KW 20 ist bei der Berliner Feuerwehr so beliebt, dass er trotz anderer vorhandener Kranwagen weiterhin einsatzbereit gehalten wird. Die Aufnahme entstand 2004 an der Wache Marzahn

(361) **Ein Einzelstück ist der KW 20 der BF Solingen**, der wegen der Verwendung des dreiachsigen Fahrgestells Magirus-Deutz FM 310 D 26 AK (6x6) bemerkenswert ist, da diese Haubenfahrgestelle äußerst selten im Feuerwehrdienst zu finden sind. Die Maschinenfabrik Langenfeld (MFL) lieferte 1973 den Kranoberwagen vom Typ AK 2014 zu. Als die BF Solingen 1999 einen Liebherr-Kran LTM 1040 erhielt, wurde der KW 20 ausgemustert und den Oldtimerfreunden in Traunreut, die ein Magirus-Museum aufbauen, als Dauerleihgabe überstellt

(362) **Einmalig ist auch der KW 20 der BF Kaiserslautern**, den die französische Firma Richier 1976 auf einem 4x4-Fahrgestell von Berliet aufbaute. Der Sechszylinder-Dieselmotor leistete 180 PS. Die eingebaute Seilwinde hatte eine Zugkraft von 100 kN. Der KW 20 wurde im Jahr 2002, als die BF Kaiserslautern einen Liebherr-Kran LTM 1060/2 in Betrieb nahm, außer Dienst gestellt. Im selben Jahr entstand diese Aufnahme

(363) **Kranwagen auf Lkw-Fahrgestellen** konnten gerade noch Traglasten bis zirka 20 t erreichen, allerdings bei sehr geringen Ausladungen. Hier setzten die kommerziellen Teleskopkrane auf Spezialfahrgestellen an. Daher beteiligte sich ab jetzt auch die renommierte Kranbaufirma Leo Gottwald in Düsseldorf an Feuerwehr-Ausschreibungen. Die BF München vergab 1969 als erste Feuerwehr einen Auftrag über einen FwK 20 an Gottwald. Es handelte sich um das zweiachsige Modell AMK 45-21 mit Allradantrieb und Allradlenkung. Ein luftgekühlter Sechszylinder-Dieselmotor von Deutz, Leistung 106 kW, diente zum Antrieb. Die im Heck eingebaute hydraulische Seilwinde hatte eine Zugkraft von 100 kN

Links: (364) Die BF Duisburg bestellte 1971 bei Gottwald einen wesentlich leistungsfähigeren Feuerwehrkran FwK 40, der auf dem vierachsigen Modell AMK 65-41 basierte. Es war der stärkste Kran, den Gottwald an eine Feuerwehr lieferte, lediglich die BF Berlin beschaffte 1979 ebenfalls einen FwK 40, allerdings das Modell AMK 60-42
Rechts: (365) Auch die renommierte Kranbaufirma Liebherr-Werk Ehingen GmbH in Ehingen erhielt nun in steigendem Maße Aufträge von Feuerwehren. Als erste deutsche Feuerwehr entschied sich die BF Kiel 1974 für einen Liebherr-Kran: das Modell LT 1030 auf vierachsigem Liebherr-Fahrgestell. Der FwK 30 bewährte sich auf Anhieb

Links: (366) Eine interessante Alternative bot Mitte der siebziger Jahre die Hydrokran GmbH in Hohentengen in der „Mittelklasse" von 20 bis 30 t Tragkraft. Ihre zweiachsigen Kranwagen, Modell „Saturn", waren watfähig und besaßen neben Allradantrieb und -lenkung eine hydropneumatische Federung sowie Scheibenbremsen. Als erste entschied sich die BF Frankfurt am Main 1977 für einen „Saturn F 26" mit 25 t Traglast
Rechts: (367) Das Liebherr-Werk stieg bald in der „Oberklasse" von 25 t bis 60 t Traglast zum Marktführer auf dem Feuerwehrsektor auf. 1975 beschaffte die BF München einen FwK 45 der Baureihe LT 1045. Drei der vier Achsen waren angetrieben, zwei gelenkt. Zum Antrieb war ein luftgekühlter Zehnzylinder-Dieselmotor von Deutz, Leistung 228 kW, vorhanden. Die rechts im Heck angeordnete hydraulische Seilwinde von Rotzler hatte eine Zugkraft von 150 kN nach hinten bzw. 100 kN nach vorn

(368) 1986 gab die BF Hamburg bei Liebherr den ersten FwK 50 der neuen Baureihe LTM 1050 in Auftrag. Die Lieferung erfolgte 1988. Das vierachsige Fahrgestell besaß drei angetriebene Achsen und Allradlenkung. Zum Antrieb diente ein Achtzylinder-Dieselmotor von Mercedes-Benz mit einer Leistung von 243 kW. Der vierteilige Ausleger erreichte eine Rollenhöhe von maximal 32 m. Eine Rotzler „Treibmatic" mit einer Zugkraft von 200 kN war im Heck eingebaut. Dieser FwK 50 wurde Mitte 2001 ausgesondert

(369) 1989 kam die Firma Krupp, deren Geschäftsbereich Krane sich in Wilhelmshaven befand, mit einem als Weltneuheit bezeichneten Fahrzeugkran auf den Markt: dem „KMK Megatrack". Als erste Feuerwehr beschaffte die BF Offenbach 1989 einen KMK 3040 mit 30 t Traglast. Alle drei Achsen sind angetrieben, die beiden Vorderachsen gelenkt, die Hinterachslenkung ist zuschaltbar. Die Räder sind einzeln hydropneumatisch gefedert

(370) Der 1995 beschaffte FwK 45 der BF Darmstadt ist ein spanisch-deutsches Gemeinschaftsprodukt der Firmen Talleres Luna in Huesca und der Allkran Hellmich GmbH in Riedstadt. Er besitzt einen 6x6-Antrieb, Allradlenkung und automatische Niveauregulierung. Als Antrieb dient ein Sechszylinder-Dieselmotor von Mercedes-Benz mit einer Leistung von 294 kW. Die Rollenhöhe des dreiteiligen Kranauslegers beträgt maximal 27 m. Die hinten eingebaute HPC-Seilwinde hat eine Zugkraft von 150 kN. Traditionell sind die Darmstädter Einsatzfahrzeuge in Rubinrot (RAL 3003) lackiert

Oben: (371) 1998 beschaffte die BF München einen neuen Liebherr-Kran, diesmal von der Baureihe LTM 1070/1, als FwK 50. Bei diesem Fahrgestell sind alle vier Achsen angetrieben, hydropneumatisch gefedert und lenkbar. Der Sechszylinder-Dieselmotor mit einer Leistung 300 kW stammt ebenfalls von Liebherr. Der fünfteilige Ausleger kann bis auf 40 m ausgefahren werden. Am Heck befinden sich eine Rotzler „Treibmatic", Zugkraft 80 kN, und eine Abschleppgabel

Mitte: (372) Das so genannte Kran-Bergefahrzeug (KBF) der BF Wolfsburg wurde 1998 als Ersatz für einen RW 2 beschafft. Es besitzt eine Kraneinrichtung zum Heben von Lasten bis zu 12 t bei einer Ausladung von 2,50 m. Die Firma Zikun Fahrzeugbau in Riegel baute das KBF auf dem MAN-Fahrgestell 27.343 DFAC (6x6). Die HPC-Seilwinde hat eine Zugkraft von 100 kN nach vorn bzw. 200 kN nach hinten

Unten: (373) Den ersten FwK 50 der neuen Baureihe LTM 1070/1 von Liebherr erhielt 1999 die FF Garmisch-Partenkirchen. Das vierachsige Fahrgestell besitzt Allradantrieb und Allradlenkung. Der Sechszylinder-Dieselmotor von Liebherr hat eine Leistung von 300 kW

Die Spezialisten: WECHSELLADERFAHRZEUGE

Wechselladerfahrzeuge (WLF) der Feuerwehr dienen zum Transport von Abrollbehältern (AB). Abrollbehälter nehmen verschiedene Einsatzmittel auf, z. B. Löschmittel (Wasser, Schaummittel, Pulver), Schläuche, Gefahrgutausrüstungen, Rüstmaterial u.a.m. oder sie dienen feuerwehrtaktischen Zwecken (z. B. mobile Leitstelle, Dekontamination), aber auch zur Versorgung (z. B. Werkstatt, Küche). Anfang der siebziger Jahre beschäftigten sich einzelne Feuerwehren mit der im Transportgewerbe bereits eingeführten Wechselladertechnik. Schon 1971 begann die BF Duisburg als erste mit dem Aufbau eines umfangreichen Wechselladersystems, zunächst nach dem Absetz-, dann nach dem Abrollsystem. Beim Absetzsystem wird der Behälter unter Beibehaltung seiner waagrechten Lage über Heck auf dem Boden abgesetzt. Beim Abrollsystem, das sich bei den deutschen Feuerwehren rasch durchsetzte, greift der Haken eines hydraulisch betätigten Winkelarmes in eine entsprechende Öse des Behälters und lässt diesen über einen geneigten Führungsrahmen nach hinten „abrollen". Die Wechselladereinrichtungen nach dem Abrollsystem stammen überwiegend von den Firmen Atlas, Feka und Meiller.

Einen anderen Weg beschritt zunächst die BF Berlin mit der Wahl eines luftgefederten Trägerfahrzeugs zur Aufnahme eines Schaum- und eines Werkstatt-Containers, die auf Stelzen am Boden abgesetzt wurden. 1972 nahm die BF Hannover ihr erstes WLF zusammen mit den begehbaren Kofferaufbauten „Fuko" (Funkkommando) und „Atemschutz-/Strahlenschutzgeräte" in Dienst. Das WLF besaß ein so genanntes Seilgerät (Behälter wird mittels Seil über die geneigte Ladebrücke gezogen bzw. abgelassen) von Feka („Multilift").

Während die Feuerwehren, die sich ebenfalls für die Nutzung der Wechselladertechnik entschlossen, fast alle zweiachsige WLF beschafften, entschloss sich als erste deutsche Feuerwehr die BF Duisburg 1984 zur Anschaffung eines vierachsigen Trägerfahrzeugs, eines MAN 27.365 VFAE. Damit war der Transport größerer Mengen von Einsatzmitteln möglich. Die Duisburger nutzten die erhöhte Transportkapazität z. B. für einen AB-Pulver (4000 Kilogramm), AB-Tank (10 000 Liter Inhalt) und AB-Schaum/Wasser (4000 Liter Schaummittel, 2000 Liter Wasser). Mit je einem Vierachser folgten 1986 die BF Stuttgart (Mercedes-Benz 3336) und 1987 die BF Salzgitter (MAN 27.360 VFAEG).

Den umfangreichsten Bestand an Wechselladerfahrzeugen (und Abrollbehältern) besitzt derzeit die BF Duisburg, und zwar sowohl mit zwei- und drei- als auch vierachsigen Trägerfahrgestellen. Insgesamt gab es allein sechs Vierachser, von denen heute noch vier im Dienst sind.

Die erste Normung von „Wechselladerfahrzeugen mit Abrollbehältern" nach DIN 14505 erfolgte im Dezember 1980. Die erste Folgeausgabe erschien im April 1993. Gemäß dieser Norm sind ausschließlich zweiachsige Trägerfahrgestelle zulässig. Im Laufe des Jahres 2004 ist die nächste Folgeausgabe von DIN 14505 zu erwarten. Erstmals werden dann Dreiachser zugelassen sein, die sich ja längst bei vielen Feuerwehren im Einsatz befinden.

Die meisten Wechselladerfahrzeuge in Deutschland basieren auf Fahrgestellen von MAN, Mercedes-Benz und Iveco. Die BF Hamburg benutzte 1995 als erste deutsche Feuerwehr ein Scania-Fahrgestell, Typ P 93 M (6x2/2). Danach wurden Scania-Frontlenkerfahrgestelle für WLF von der BF Koblenz (1999) und der WF Degussa (1999) verwendet. Gebrauchte Scania-Fahrgestelle zur Nutzung als WLF erwarben bisher die BF Pforzheim 1993 und 1994, die FF Nienburg 1997 und die FF Emden 2001.

Drei- und vierachsige Trägerfahrgestelle sind heute zumeist mit Nachlauflenkachsen ausgestattet. Vierachsige WLF sind heute noch die Ausnahme. Zur Zeit sind außer in Duisburg, Salzgitter und Stuttgart auch bei den Berufsfeuerwehren Kiel, Dresden und Osnabrück sowie bei der Flughafenfeuerwehr Stuttgart Vierachser im Dienst.

(374) **Ein Wechselladerfahrzeug (WLF) auf dem Frontlenker-Fahrgestell Mercedes-Benz LP 1519 beschaffte die BF Koblenz 1973. Wechseladereinrichtung: FEKA. Der Abrollbehälter „Atem- und Strahlenschutz" wurde 1987 gemeinsam von den Firmen Wendler, Metz und Schmitz gefertigt und eingerichtet. Soweit bekannt besaß nur noch die BF Ludwigshafen ein WLF auf dem Fahrgestell LP 1519**

(375) Das erste Wechselladerfahrzeug auf dem dreiachsigen Fahrgestell Mercedes-Benz 2232 (6x4) beschaffte die BF Duisburg 1974. Wechselladereinrichtung: Meiller. Mit dem Abrollbehälter wurden je ein Tank mit 4000 Liter Wasser und 2000 Liter Schaummittel sowie eine Feuerlöschpumpe FP 24/8 transportiert

(376) Ihr erstes vierachsiges Wechselladerfahrzeug auf einem MAN-Fahrgestell, hier Typ 27.365 VFAE, nahm die BF Duisburg 1984 in Dienst. Wechselladereinrichtung: FEKA. Zwei weitere WLF dieses Typs folgten 1985 und 1986. Hier im Bild: WLF mit dem Abrollbehälter „Pulver", der mit zwei Pulverlöschanlagen PLA 2000 von Minimax bestückt war

Oben: (377) **1986** beschaffte die BF Stuttgart als zweite deutsche Feuerwehr ein vierachsiges Wechselladerfahrzeug. Sie wählte das Fahrgestell Mercedes-Benz 3336 (8x6/2) und die Wechselladereinrichtung von Meiller, hier mit dem Abrollbehälter „Tank". Der Behälter mit drei Kammern zu je zirka 3300 Litern wurde von der Firma Haller 1981 gefertigt

Mitte: (378) Ein weiteres Wechselladerfahrzeug auf einem vierachsigen MAN-Fahrgestell, diesmal Typ 35.372 (8x4/6) mit Nachlauf-Lenkachse von Sülzer, nahm die BF Duisburg 1993 in Dienst. Wechselladereinrichtung: Atlas. Den 10000 Liter fassenden V4A-Behälter des Abrollbehälters „Tank" lieferte Roland Tankbau

Unten: (379) Erstmals wurde bei einer deutschen Feuerwehr 1995 ein Scania-Fahrgestell für ein Wechselladerfahrzeug verwendet. Die BF Hamburg entschied sich für den Dreiachser P 93 M (6x2/2) mit gelenkter Hinterachse und Wechselladereinrichtung von Meiller. Der Abrollbehälter „Spüren + Messen" enthält ein mobiles Labor für Gefahrguteinsätze und enthält u.a. ein Massenspektrometer mit Gaschromatographen

(380) Einmalig in seiner Art ist das vierachsige „Mehrzweck-Berge- und Kranfahrzeug" (MZBK) der BF Dresden. Es wird seit 1996 insbesondere für Straßenbahn-Unfälle vorgehalten. Das originale zweiachsige Mercedes-Benz-Fahrgestell vom Typ 1838 wurde von der Firma Hüffermann Nutzfahrzeuge in Wildeshausen mit einer Vorlauflenkachse und einer Nachlauflenkachse (beide luftgefedert) versehen. Das zulässige Gesamtgewicht erhöhte sich auf 37 500 kg. Das Fahrgestell wurde damit zum Typ 3738 (8x4/4). Das MZBK besitzt hinter der Fahrerkabine einen Kran der Firma Fassi (Italien) mit einer Traglast von 20 000 kg vorn eine 70-kN-Seilwinde. Die notwendige Ausrüstung wird auf dem dazu gehörenden Abrollbehälter „Technische Hilfeleistung" (AB-TH) mitgeführt. Außerdem sind drei weitere Seilwinden von Rotzler am AB-TH angeordnet. Noch nie war soviel Technik auf einem WLF konzentriert

(381) Die FF Pinneberg war 1998 die erste Feuerwehr, die ein Wechselladerfahrzeug auf dem Fahrgestell Mercedes-Benz Actros 1831 L erhielt. Wechselladereinrichtung: Multilift. Ladekran von Hiab. Den Abrollbehälter „Transport" baute Heines-Wuppertal 1998

(382) 1998 nahm auch die BF Kiel ein vierachsiges Wechselladerfahrzeug in Dienst. Das MAN-Fahrgestell ist vom Typ 35.403 (8x6/2), die 4. Achse ist eine Nachlaufachse. Die Wechselladereinrichtung stammt von Meiller. Der Ladekran von Hiab kann bis zu 18 000 kg (bei 3,20 m Ausladung) heben. Eingebaute Seilwinde Rotzler „Treibmatic" mit einer Zugkraft von 80 kN. Das WLF ist hier mit dem Abrollbehälter „Schnelle Einsatzgruppe" (SEG) fotografiert

DIE FAHRZEUGE DER DDR

Die Anzahl der Fahrgestell- und Aufbauhersteller, die sich in der Feuerwehrfahrzeugindustrie der DDR betätigen durften, war im Vergleich zur Bundesrepublik viel geringer. Es gab niemals diese große Typenvielfalt wie in Westdeutschland. Manche Fahrzeugtypen, wie z. B. Gerätewagen-Gefahrgut und Wechselladerfahrzeuge, fehlten völlig. Die Entwicklung der Fahrzeugtypen war nicht den einzelnen „Kommandos der Feuerwehr", wie die Berufsfeuerwehren in der DDR hießen, überlassen, sondern oblag einer zentralen Planungsgruppe im Ministerium des Innern, dem die Feuerwehren in jeder Hinsicht unterstanden. Aus all diesen Gründen fällt es darum leichter, sich einen Überblick über 46 Jahre Feuerwehrtechnik der DDR, den Zeitraum von 1945 bis 1991, zu verschaffen.

Die sozialistische Planwirtschaft bestimmte – wie in allen Lebensbereichen – auch auf dem Feuerwehrsektor die Produktion und Verteilung. Die Fertigung von Feuerwehrfahrzeugen und -geräten war einigen wenigen „Volkseigenen Betrieben" (VEB) zugewiesen. Wettbewerb und Werbung waren darum unbekannt.

Im Wesentlichen waren mit der Herstellung von Feuerwehrfahrzeugen drei VEB beauftragt, die alle durch Enteignung von renommierten Firmen entstanden waren. Der VEB Feuerlöschgerätewerk Görlitz, hervorgegangen aus der 1864 gegründeten Feuerwehrgerätefabrik G. A. Fischer, baute Kleinlöschfahrzeuge, Löschfahrzeuge und Anhänger. Der VEB Feuerlöschgerätewerk Luckenwalde übernahm die von Hermann Koebe 1878 gegründete Feuerwehrgerätefabrik und fertigte Löschfahrzeuge, Tanklöschfahrzeuge, Drehleitern, Rettungsgerätewagen und Sonderfahrzeuge. Der VEB Feuerlöschgerätewerk Jöhstadt, 1872 von August Flader in Jöhstadt/Sachsen, als Feuerwehrgerätefabrik E. C. Flader gegründet, stellte teilweise Tanklöschfahrzeuge, hauptsächlich aber Feuerlöschpumpen und Tragkraftspritzen her.

Nach der Wende gelang es, diese drei Hersteller für den Feuerwehrmarkt zu erhalten. Der ehemalige VEB Feuerlöschgerätewerk Görlitz wurde zunächst in eine GmbH umgewandelt und 1992 als Brandschutz-Technik Görlitz (BTG) neu gegründet. Seit 1996 gehört BTG zur Iveco-Magirus Brandschutztechnik und liefert seitdem Tragkraftspritzen und Kleinfahrzeuge (TSF, TSF-W, KLF).

Der VEB Feuerlöschgerätewerk Luckenwalde bestand bis zur Konkursanmeldung 1995 als Feuerlöschgerätewerk Luckenwalde GmbH weiter. In dieser Zeit wurden Löschfahrzeuge nach DIN gebaut und sogar eine Drehleiter DLK 23-12 entwickelt. 1996 übernahm die Feuerwehrgerätefabrik Metz GmbH, Karlsruhe, das Luckenwalder Werk, das in FGL-Metz GmbH umfirmierte. Nachdem die Firma Metz 1998 ihrerseits von Rosenbauer International übernommen worden war und eine Neuordnung des österreichischen Konzerns erfolgte, ist der Betrieb in Luckenwalde seit 2001 ausschließlich Produktionsstandort für Lösch- und Sonderfahrzeuge des deutschen Marktes. Heute lautet der Name der Gesellschaft „Rosenbauer-Feuerwehrtechnik GmbH" (RFT).

Der VEB Feuerlöschgerätewerk Jöhstadt firmiert heute als PFJ Pumpen- und Feuerlöschtechnik GmbH. Es werden Feuerlöschpumpen, Tragkraftspritzen und Hochdrucklöschanlagen produziert.

Bei den für Feuerwehrfahrzeuge geeigneten Fahrgestellen gab es keine große Auswahl. Der VEB IFA Robur Werke Zittau, der auf die von Gustav Hiller 1888 gegründeten Phänomen-Werke zurückgeht, liefen zunächst die Lkw-Typen „Granit" und „Garant", ab 1961 die neu entwickelten Frontlenker LO 1800 A, LO 1801 A und LO 2002 A vom Band, die hauptsächlich für LF 8 Verwendung fanden.

Der VEB Sachsenring Automobilwerke Zwickau (hervorgegangen aus den 1908 gegründeten Motorwagen Werken August Horch in Zwickau) lieferte ab 1949 Hauben-Fahrgestelle vom Typ H3A, geeignet für LF 15, TLF 15, Rettungsgerätewagen (RTGW) und Schlauchkraftwagen (SKW 12), als Nachfolger ab 1958 Haubenfahrgestelle vom Typ S 4000-1. Die Produktion des S 4000-1 verlegte man 1960 ins Werk IFA Kraftfahrzeugwerk „Ernst Grube" Werdau. Dort wurde

(383) **Die verschiedenen Modelle des „Wartburg", entweder als Pkw oder Kombi-Limousine, dienten den DDR-Feuerwehren hauptsächlich als Ausrückedienstwagen (ADW), der etwa dem westdeutschen ELW 1 entsprach. Dieser ADW auf der Basis des Wartburg 353 W wurde 1987 bei der FF Pasewalk in Dienst gestellt. Der Dreizylinder-Zweitaktmotor leistete 50 PS**

133

bereits seit 1953 der Dreiachser G 5 bzw. G 5/2 (6x6) gefertigt, der sich vor allem bei den geländefähigen TLF 15 sehr bewährte.

Der VEB IFA Automobilwerke in Ludwigsfelde, wo Daimler-Benz 1936 eine Flugmotorenfabrikation aufgezogen hatte, war der wichtigste Standort der Lkw-Fertigung, denn hier liefen ab 1965 die Frontlenker IFA W 50 (mit Straßen- und Allradantrieb) vom Band. Diese Fahrgestelle wurden für LF 16, TLF 16, DL 30, RTGW, SW 14 und SW 30 C verwendet.

Der VEB Barkas-Werke in Karl-Marx-Stadt geht auf die Framo-Werke des dänischen Ingenieurs Rasmussen in Hainichen zurück. Der in Karl-Marx-Stadt (heute wieder Chemnitz) seit 1961 produzierte Kleintransporter Barkas B 1000 war trotz seines leistungsschwachen Dreizylinder-Zweitakt-Motors ein beliebtes Basisfahrzeug für Kleinlöschfahrzeuge, Mannschaftswagen und Krankenwagen. Der Barkas B 1000 hatte im V 901/2, der von 1957 bis 1962 produziert wurde, einen Vorgänger. Der Barkas spielte eine ähnliche Rolle wie der VW Transporter in der Bundesrepublik.

Die wichtigsten Feuerwehrfahrzeuge waren
- in der Gruppe der Löschfahrzeuge: das Kleinlöschfahrzeug KLF-TS 8, das Löschfahrzeug LF-TS 8, das Löschfahrzeug LF-Lkw-TS 8-STA, das Löschfahrzeug LF 8-TS 8-STA, das Löschfahrzeug LF 15, das Löschfahrzeug LF 16-TS 8 und das Löschfahrzeug LF 8-LS 1/1,
- in der Gruppe der Tanklöschfahrzeuge: das Tanklöschfahrzeug TLF 15, das Tanklöschfahrzeug TLF 16, das Tanklöschfahrzeug TLF 16 GMK (Ganzmetallkoffer) und das Tanklöschfahrzeug TLF 32,
- in der Gruppe der Schlauchwagen: der Schlauchwagen SW 12, der Schlauchwagen SW 14-TS 8 und der Schlauchwagen SW 30 C (Container),
- in der Gruppe der Fahrzeuge für technische Hilfeleistungen: der Rettungsgerätewagen (RTGW), der Gerätewagen (GW), der Kranwagen KW 12 und der Kranwagen KW 28,
- in der Gruppe der Drehleitern: die DL 25, die DL 30, die DL 30 K (Korb) und die DL 30/01.

An Sonderfahrzeugen waren u. a. Ausrückedienstwagen (ADW) und Kommandowagen (KdoW), Atemschutzgerätewagen (ASGW) und Atemschutzkontrollwagen (ASKW) vorhanden.

Dreiachsige Lkw-Fahrgestelle wurden in der DDR nicht produziert. Zum Bau der TLF 32 lieferten die tschechischen Tatra-Werke die Fahrgestelle 138 PP5, 148 PP5 und 815 PR2, die sich sehr bewährten. Daher sind TLF 32 auf Tatra 815 PR2 teilweise heute noch im Dienst von kommunalen Feuerwehren, bei der Bundeswehr laufen sie unter der Bezeichnung FL-Kfz 8200-Ost.

Die Entwicklung und Produktion von Drehleitern war im VEB Feuerlöschgerätewerk Luckenwalde konzentriert. Von 1962 bis 1969 konnten nur Drehleitern DL 25 gefertigt werden. Das einzige dafür geeignete Fahrgestell war das Haubenfahrzeug IFA S 4000-1. Erst als das stärkere Frontlenker-Fahrgestell IFA W 50 L 1965 in Serie ging, wurden ab 1968 auch DL 30 in Luckenwalde gebaut, ab 1983 zusätzlich die DL 30 K mit einhängbarem Rettungskorb. Die letzte Entwicklungsstufe stellte ab 1986 die DL 30/01 mit Korb dar.

Der Kranwagen KW 12 war der leicht modifizierte Autodrehkran ADK 125 mit einer Hebekraft von 12 500 Kilogramm und wurde im VEB Maschinenbau „Karl Marx" in Potsdam-Babelsberg gebaut. Für größere Lasten musste auf den tschechischen Autokran CKD 28 auf dem Fahrgestell Tatra 815 PJ (6x6) mit einer Hebekraft von 28 000 Kilogramm zurückgegriffen werden, den allerdings nur die Feuerwehren Berlin und Leipzig (Messestadt!) besaßen.

Der DDR kommt das Verdienst zu, das erste deutsche Abgas-Löschfahrzeug (AGLF) gebaut zu haben. Schon 1980 entwickelte das damalige Institut der Feuerwehr in Heyrothsberge ein Löschfahrzeug für Versuche mit dem „Aerosol-Löschverfahren" (Vermischung von Turbinenabgasen mit Wasser). Dafür konnte ein Strahltriebwerk der russischen MIG-15 genutzt werden. 1983 ließ der VEB Schwarze Pumpe im ostdeutschen Braunkohlerevier in eigener Werkstatt auf einem Fahrgestell IFA W 50 LA von 1976 ein weiteres AGLF bauen. Diesmal stand ein Triebwerk des MIG 17 zur Verfügung. Dieses Löschfahrzeug, das seinerzeit westdeutschen Fachleuten vorgeführt wurde, ist seitdem bei der dortigen Werkfeuerwehr stationiert. 2001 wurde das mittlerweile 25 Jahre alte IFA-Fahrgestell gegen ein MAN 17.232 FA getauscht.

In den ersten Nachkriegsjahren gelangten gelegentlich auch russische Fahrgestelle zur Feuerwehr, während sich wichtige Industriekombinate schon mal ein komplettes „westliches" Fahrzeug leisten konnten, zum Beispiel das Petrochemische Kombinat in Schwedt/Oder einen Bronto Skylift 30-2T1 auf Mercedes-Benz 2636 (6x6).

Einmalig war die große DL 52 von Metz für Ost-Berlin im Jahre 1956. Sie war auf einem zweiachsigen Krupp-Fahrgestell, Typ Tiger L5 Tg 5, aufgebaut. Diese einzigartige Drehleiter mit sechsteiligem Leitersatz und Fahrstuhl wurde zu DDR-Zeiten 1987/88 zwecks Devisenbeschaffung nach Westdeutschland verkauft, wo sie sich heute im Besitz eines Privatmanns befindet.

(384) **Der Kleintransporter Barkas B 1000 spielte in der DDR als Universalfahrzeug dieselbe Rolle wie der VW Transporter in der Bundesrepublik. Er war auch bei der Feuerwehr vielseitig einsetzbar, z. B. als Kommandowagen, Mannschaftstransportwagen und Krankenwagen. Der Dreizylinder-Zweitaktmotor hatte die bescheidene Leistung von 46 PS. Dieser Barkas B 1000, Baujahr 1987, diente dem Kommando Feuerwehr Rostock als Vorausfahrzeug (VF)**

(385) Das Löschfahrzeug LF 8-TS 8-STA war von einfacher aber zweckmäßiger Bauart. Auf der Ladefläche des Robur LO 2002 A war die Löschausrüstung unter dem Schutz einer Plane untergebracht. Die Tragkraftspritze wurde auf dem Tragkraftspritzenanhänger mitgeführt. Dieses Löschfahrzeug wurde der FF Pasewalk 1988 zugeteilt

(386) Das Löschfahrzeug LF 8-LS 1/1 war seinerzeit recht fortschrittlich, da es mit einer Zumischpumpe und einem Axialgebläse zur Leichtschaumerzeugung (wahlweise 500- oder 1000-fache Verschäumung) eingerichtet war. Es wurden 2 x 350 Liter Schaummittel mitgeführt. Als Fahrgestell diente der Robur LO 2000 A, dessen Vierzylinder-Ottomotor 75 PS leistete. Das zulässige Gesamtgewicht betrug 5500 kg. Der Aufbau stammte vom VEB Feuerlöschgerätewerk Görlitz. Das Bild zeigt das LF 8-LS 1/1 des Kommando Feuerwehr Rostock, Baujahr 1977

(387) Zum Bau von Löschfahrzeugen LF 16 standen von 1959 bis 1967 die Fahrgestelle vom Typ S 4000-1 zur Verfügung. Sie wurden vom VEB Kraftfahrzeugwerk „Ernst Grube" in Werdau produziert und vom VEB Feuerlöschgerätewerk Luckenwalde karossiert. Der Vierzylinder-Dieselmotor leistete 90 PS. Außer der fest eingebauten FPH 16/8 war eine Tragkraftspritze TS 8/8 vorhanden. Daher lautete die vollständige Typbezeichnung LF 16-TS 8. Der Löschwassertank fasste 300 Liter. Dieses LF 16-TS 8, Baujahr 1965, gehört der FF Bad Doberan, die es als so genanntes Traditionsfahrzeug in bestens restauriertem Zustand unterhält. Die Aufnahme entstand 2004

(388) Ab 1968 wurden die Löschfahrzeuge LF 16 auf den Frontlenker-Fahrgestellen IFA W 50 L oder W 50 LA (Allrad) gebaut. Der Vierzylinder-Dieselmotor hatte eine Leistung von 125 PS, das zulässige Gesamtgewicht betrug 10 200 kg. Die Aufbauten entstanden beim VEB Feuerlöschgerätewerk Luckenwalde. Hier im Bilde das LF 16 der Feuerwehr Teterow, Baujahr 1982. Noch heute sind zahlreiche LF 16 auf dem IFA-Fahrgestell, zumindest als Reservefahrzeug, bei ostdeutschen Feuerwehren im Dienst

(389) Tanklöschfahrzeuge TLF 15 baute der VEB Feuerlöschgerätewerk Luckenwalde bis 1957 auf den Fahrgestellen vom Typ H3A des VEB Automobilwerk Horch in Zwickau. Der Löschwassertank fasste 2000 Liter. Dieses TLF 15 des Kommando Feuerwehr Gotha wurde 1957 in Dienst gestellt

(390) Zum Bau von Tanklöschfahrzeugen TLF 15 wurden von 1953 bis 1959 auch die geländegängigen dreiachsigen Fahrgestelle vom Typ G 5 (6x6) des VEB Kraftfahrzeugwerk „Ernst Grube", Werdau, verwendet. Etwa 130 Fahrzeuge wurden beim VEB Feuerlöschgerätewerk Jöhstadt gebaut, jeweils die Hälfte für Feuerwehren und für den Brandschutz bei der Volksarmee. Die mächtige Vorbaupumpe FP 15/8, die über eine Kupplung direkt vom Motor angetrieben wurde, stammte vom Feuerlöschgerätewerk Jöhstadt. Der Löschwassertank fasste 2500 Liter, der Schaummitteltank 200 Liter. Etwa 40 TLF 15 sind bis heute erhalten geblieben. Im Bild ein TLF 15 des Baujahrs 1957 auf dem Fahrgestell G 5/2, das seit 1998 dem Feuerwehrmuseum von Mecklenburg-Vorpommern in Meetzen gehört und dort restauriert wurde. Der Sechszylinder-Dieselmotor leistet 150 PS, das zulässige Gesamtgewicht beträgt 13 000 kg

(391) Das Tanklöschfahrzeug TLF 16 erhielt ab 1985 einen Ganzmetallkoffer und trug daher die Zusatzbezeichnung „GMK". Das Fahrgestell war der bekannte IFA W 50 LA (Allrad). Das TLF 16-GMK der FF Wittstock wurde 1986 vom VEB Feuerlöschgerätewerk Luckenwalde gebaut. Das Foto entstand 1992, daher trägt das Fahrzeug bereits neue polizeiliche Kennzeichen

Links: (392) Die Tanklöschfahrzeuge TLF 32, die eine Feuerlöschpumpe FP 32/8 und einen Löschwassertank von 6000 Litern Inhalt (und größer) besaßen, wurden komplett in der CSSR hergestellt. Die erste Generation von TLF 32 wurde auf den Tatra-Fahrgestellen vom Typ 138 PP5 (6x6) von der Firma Karosa aufgebaut. Der V8-Dieselmotor von Tatra leistete 180 PS, das zulässige Gesamtgewicht betrug 17 480 kg. Der Löschwassertank fasste 6000 Liter, der Schaummitteltank 600 Liter. Die Produktionszeit dauerte von 1964 bis 1971. Im Bild das TLF 32 der Flughafenfeuerwehr Berlin-Schönefeld, Baujahr 1967

Rechts: (393) Der Nachfolger des TLF 32 wurde von Karosa auf dem Tatra-Fahrgestell 148 PP3 gebaut. Der V8-Dieselmotor leistete jetzt 202 PS, das zulässige Gesamtgewicht war auf 18 530 kg erhöht. Die mitgeführten Löschmittelmengen blieben unverändert. Das TLF 32 der zweiten Generation wurde von 1972 bis 1982 gebaut. Dieses TLF 32 wurde 1980 an die Feuerwehr Stendal vergeben und kam 1991 zur FF Wittstock

Links: (394) Die dritte Generation der TLF 32 wurde von 1985 bis 1988 gebaut. Das Tatra-Fahrgestell vom Typ 815 PR2, jetzt ein Frontlenker, war wesentlich stärker motorisiert: der V12-Dieselmotor leistete 320 PS, das zulässige Gesamtgewicht betrug 24 000 kg. Die Löschmittelmengen erhöhten sich nun auf 8200 Liter Wasser und 800 Liter Schaummittel. Dieses TLF 32 ging 1985 an die Flughafenfeuerwehr Berlin-Schönefeld

Rechts: (395) Bis 1969 konnte der VEB Feuerlöschgerätewerk Luckenwalde mangels geeigneter Fahrgestelle nur Drehleitern bis zu 25 m Steighöhe bauen. Diese DL 25 der FF Templin wurde auf dem Fahrgestell IFA S 4000-1 aufgebaut

Oben: (396) Ab 1969 stand das Frontlenker-Fahrgestell IFA W 50 L zum Bau von Drehleitern DL 30 zur Verfügung. Diese DL 30 mit Staffelkabine wurde 1970 vom VEB Feuerlöschgerätewerk Luckenwalde gebaut und war nach der „Wende" bei der FF Hagenow stationiert, wo diese Aufnahme 1999 entstand

Mitte: (397) Die Drehleiter DL 30.01, eingeführt 1986, stellte die letzte Entwicklungsstufe des VEB Feuerlöschgerätewerk Luckenwalde dar. Der an der Leiterspitze einzuhängende Zweimann-Rettungskorb war an der vorderen Stoßstange gehaltert. Fahrgestell war der IFA W 50 L. Dessen Vierzylinder-Dieselmotor hatte eine Leistung von 125 PS, das zulässige Gesamtgewicht betrug 10 200 kg. Das Kommando Feuerwehr Rostock erhielt diese Drehleiter mit Truppkabine 1989 zugewiesen

Unten: (398) Der Schlauchkraftwagen SKW 14-TS 8 wurde 1953 auf dem Fahrgestell IFA S 4000-1 vom IFA Kraftfahrzeugwerk „Ernst Grube" Werdau gebaut. Er war bei der FF Ludwigslust noch bis mindestens 1999 im Dienst

Oben: (399) **Für den 1979 eingeführten Schlauchwagen SW 30 C (= Container)** wurde erstmals in der DDR ein Wechselsystem angewandt. Dieser Schlauchwagen-Typ basierte auf dem IFA W 50 L/KC. Der Container konnte bis zu 3300 m B-Schlauch aufnehmen. Das Bild zeigt den SW 30 C des Kommando Feuerwehr Rostock, Baujahr 1980

Mitte: (400) **Für technische Hilfeleistungen** standen den DDR-Feuerwehren so genannte Rettungsgerätewagen (RTGW) zur Verfügung. Hinter der Doppelkabine des IFA W 50 L war eine Pritsche mit Plane angeordnet. RTGW verfügten weder über eine eingebaute Seilwinde noch einen Generator. Die Aufnahme des RTGW der FF Birkenwerder, Baujahr 1979, entstand 1997

Unten: (401) **Einen für die damalige Zeit recht modernen RTGW** erhielt die Flughafenfeuerwehr Berlin-Schönefeld 1974. Das Fahrgestell war der bekannte Frontlenker IFA W 50 LA (Allrad), der Aufbau, immerhin schon mit Rolladen, stammte vom VEB Feuerlöschgerätewerk Luckenwalde

Oben: (402) Der Standard-Kranwagen der DDR-Feuerwehren war der Autodrehkran (ADK) 125 mit einer Hebekraft von 12 500 kg. Er wurde im VEB Maschinenbau „Karl-Marx" in Potsdam-Babelsberg produziert. Er war mit einem Sechszylinder-Dieselmotor ausgestattet, der 190 PS leistete. Das zulässige Gesamtgewicht betrug 18 900 kg. Diesen ADK 125-2 erhielt 1978 das Kommando Feuerwehr Rostock

Mitte: (403) In der DDR gab es nur bei den beiden Kommandos der Feuerwehr Berlin und Leipzig je einen großen Autodrehkran, den CKD 28 der Tatra-Werke, der eine Hebekraft von 28 000 kg besaß. Der Berliner Kran wurde auf dem Fahrgestell Tatra 815 aufgebaut, das mit einem Zwölfzylinder-Dieselmotor, Leistung 170 kW, ausgestattet war. Das zulässige Gesamtgewicht betrug 28 100 kg. Die Aufnahme entstand 1991 an der Feuerwache Berlin-Marzahn

Unten: (404) Für Werkstattwagen (WSTW) wurden teilweise auch Fahrgestelle vom Typ G 5 des VEB Kraftfahrzeugwerk „Ernst Grube", Werdau, verwendet. Dieser WSTW der Feuerwehr Salzwedel wurde 1955 gebaut

Oben: (405) Ein Mannschaftstransportwagen (MTW) einfachster Bauweise wurde 1950 auf dem Lkw mit Plane des Robur Granit 27 eingerichtet. Heute wird dieser MTW im Feuerwehrmuseum Pasewalk bewahrt

Mitte: (406) 1983 ließ der VEB Schwarze Pumpe im ostdeutschen Braunkohlenrevier in eigener Werkstatt auf einem Fahrgestell IFA W 50 LA von 1976 ein Abgaslöschfahrzeug (AGLF) bauen. Dafür stand ein Strahltriebwerk des russischen Jagdflugzeugs MIG 17 zur Verfügung. Dieses Löschfahrzeug ist noch heute bei der dortigen Werkfeuerwehr stationiert, doch wurde 2001 das 25 Jahre alte IFA-Fahrgestell gegen ein MAN-Fahrgestell vom Typ 17.232 FA getauscht. Diese Aufnahme entstand 1994

Unten: (407) 1956 lieferte Metz eine DL 52 (mit sechsteiligem Leitersatz) nach Ost-Berlin. Sie war auf dem zweiachsigen Krupp-Fahrgestell, Typ Tiger L5 Tg 5, aufgebaut. Als Antrieb diente ein Fünfzylinder-Zweitakt-Dieselmotor mit einer Leistung von 180 PS. Die DL 52 stand bis 1967 bei der Feuerwehr in Ost-Berlin im Einsatzdienst. Zwecks Devisenbeschaffung wurde diese einzigartige Drehleiter 1987/88 nach Westdeutschland verkauft, wo sie bei verschiedenen Besitzern als seltenes technisches Meisterwerk erhalten blieb. Heute ist die ALGA Nutzfahrzeug-Handelsfirma in Sittensen stolzer Eigentümer

Register

BF Berlin	023, 024, 098-100, 183, 190, 197, 213, 291, 360	FF Achern	194, 227	FF Neureut	231
BF Berlin-Ost	403, 407	FF Ahlen	312	FF Neustadt a.d. Weinstr.	175, 277
BF Bochum	009	FF Ahrensburg	066, 232	FF Neustrelitz	252
BF Bonn	207, 297, 333	FF Alpirsbach	262	FF Neu-Ulm	077
BF Bremen	017, 067, 075, 249	FF Altenstadt	208	FF Nienburg/Weser	062, 118
BF Bremerhaven	303	FF Alzey	248	FF Niendorf/Ostsee	123, 133
BF Chemnitz	288	FF Annweiler	201	FF Nördlingen	246
BF Darmstadt	245, 370	FF Babenhausen	286	FF Osteraccum-Thunum	045
BF Dortmund	177, 345	FF Bad Doberan	387	FF Pasewalk	383, 385
BF Dresden	334, 380	FF Bad Herrenalb	141, 202	FF Petersberg	012
BF Duisburg	019, 088, 090-092, 159, 160, 332, 364, 375, 376, 378	FF Bad Homburg	192	FF Pinneberg	093, 381
		FF Bad Vilbel	330	FF Pulsnitz	149
BF Düsseldorf	004, 014	FF Baden-Baden	138, 199	FF Quierschied	237
BF Erfurt	109, 307	FF Bamberg	352	FF Ravensburg	331
BF Essen	051, 085, 215, 219, 226, 289, 355	FF Bargfeld-Stegen	086	FF Reinbek	116
		FF Barsbüttel	243	FF Rendsburg	270, 342
BF Flensburg	079, 198	FF Biebesheim	043	FF Reutlingen	339
BF Frankfurt a. M.	003, 078, 089, 108, 127, 135, 156, 161, 162, 164-168, 186, 189, 195, 267, 268, 321, 322, 366	FF Birkenwerder	172, 400	FF Rheinfelden	048
		FF Bischofsheim	292	FF Rödermark	005, 018, 300
		FF Böblingen	311	FF Salzgitter-Gebhardtsh.	076
		FF Brackwede	221	FF Salzgitter-Lebenstedt	046
BF Freiburg	211	FF Bramsche	261	FF Salzgitter-Reppner	038
BF Gelsenkirchen	187	FF Brunsbüttel	058	FF Salzhausen	326
BF Gießen	325	FF Buchholz	298	FF Salzwedel	404
BF Gotha	389	FF Büsum	015	FF Schenefeld	034
BF Göttingen	107	FF Bütlingen	143	FF Schneverdingen	196
BF Hamburg	026, 027, 050, 120, 218, 225, 229, 318, 347, 368, 379	FF Celle	052, 134	FF Schwangau	154
		FF Coswig	283	FF Sigmaringendorf	042
		FF Dietzenbach	095, 096	FF Sindelfingen	144
DF Hamm	265	FF Dreieich	137, 324	FF Steinfurt	152
BF Hannover	020, 106, 217, 244, 253, 269, 314	FF Dudweiler	216	FF Templin	395
		FF Düren	084, 233	FF Teterow	264, 388
BF Heidelberg	224	FF Düsseldorf-Angermund	148	FF Uetersen	056, 130
BF Heilbronn	174, 310	FF Erfurt-Alach	041	FF Ulm	205
BF Herne	013, 146, 335	FF Fulda	142	FF Vogelsdorf	150
BF Hildesheim	081	FF Garmisch-Partenk.	240, 373	FF Waldenbuch	087
BF Hoyerswerda	241	FF Garrel	047	FF Wedel	119, 296
BF Ingolstadt	131, 353	FF Glauberg	061	FF Wendewisch	039
BF Kaiserslautern	362	FF Glinde	011, 309	FF Westersode	055
BF Karlsruhe	002, 093, 094, 110, 125, 222, 328	FF Grevenbroich	257	FF Willinghusen	071
		FF Grünberg	157	FF Winnenden	209
BF Kassel	007, 025, 054, 080, 128, 129, 223, 319, 346	FF Grünstadt	295	FF Winsen/Luhe	124, 299
		FF Haan	097, 284	FF Wittstock	391, 393
BF Kiel	033, 365, 382	FF Haar	273	FF Zella-Mehlis	105
BF Koblenz	147, 374	FF Hagenow	396	Flughafen Berlin-Schönef.	392, 394, 401
BF Köln	030, 068, 259, 336	FF Hattersheim	151	Flughafen Berlin-Tegel	239
BF Krefeld	349	FF Heemsen	111	Flughafen Köln-Bonn	281
BF Leipzig	102	FF Heidenheim	212	Flughafen München	206
BF Leverkusen	006, 238	FF Hilden	057	Flughafen Stuttgart	234, 285
BF Lübeck	053, 179, 182, 236, 250	FF Homburg/Saar	263	KFZ Plön	302
BF Ludwigshafen	072-074, 293, 357	FF Hude	008	LFS Brandenburg	171
BF Mainz	103	FF Hüls	113	LFS Nordrhein-Westfalen	228
BF Mannheim	016, 200, 230, 356	FF Hungen	155	LK Heidelberg	114
BF Mülheim a.d. Ruhr	354	FF Itzehoe	178	LK Ludwigslust	021
BF München	001, 126, 158, 176, 181, 184, 188, 191, 203, 316, 363, 367, 371	FF Kaltenkirchen	337	LK Moers	313
		FF Klecken	035	LK Oldenburg	122
		FF Köln-Lövenich	070	LK Ostholstein	022
BF Neumünster	121, 320	FF Ladekop	046	NATO Geilenkirchen	327
BF Nürnberg	348	FF Landshut	173	WF BASF, Ludwigshafen	029, 082, 153
BF Offenbach	136, 247, 351, 369	FF Laßrönne	040	WF Bayer, Brunsbüttel	170
BF Osnabrück	031, 255	FF Lehre	254	WF Boehringer, Ingelheim	305
BF Regensburg	317	FF Lorsch	279	WF DaimlerChry., Bremen	272
BF Rostock	384, 386, 397, 399, 402	FF Lübeck-Dänischburg	065	WF DaimlerChry., Rastatt	032
BF Saarbrücken	350	FF Lübeck-Genin	037, 132	WF DOW, Stade	323
BF Salzgitter	112	FF Lübeck-Moisling	063	WF Freudenb., Weinheim	276
BF Schwerin	145	FF Lüneburg	306	WF Henschel, Kassel	220
BF Solingen	010, 069, 083, 361	FF Marburg	214	WF Hoechst, Frankfurt	163
BF Stuttgart	059, 101, 185, 204, 235, 266, 315, 338, 340, 258, 377	FF Meersburg	256	WF Merck, Darmstadt	140, 274, 282, 329
		FF Miltenberg	341	WF Röhm, Darmstadt	278
		FF Montabaur	210	WF Ruhröl, Scholven	280
		FF Münster (Hessen)	139, 287	WF Schwarze Pumpe	406
		FF Mutterstadt	242	WF Shell, Godorf	271
BF Wiesbaden	028, 169, 258, 260, 294	FF Nauen	290	WF Shell, Hamburg	060
BF Wolfsburg	301, 308, 372	FF Neuenburg	044	WF Thyssen-Stahl, Duisb.	275
BF Wuppertal	104, 117, 304	FF Neuötting	251		

Weitere Bücher unseres Verlages

Fordern Sie kostenlos und völlig unverbindlich unseren neuesten Prospekt an mit Büchern über:

- Traktoren
- Baumaschinen
- Lastwagen
- Omnibusse
- Feuerwehren
- Lokomotiven
- Autos
- Motorräder

Podszun-Verlag GmbH
Postfach 1525, D-59918 Brilon
Telefon 02961 / 53213
Fax 02961 / 9639900
verlag.podszun@t-online.de
www.podszun-verlag.de

126 Seiten, fester Einband
ISBN 3-86133-181-0
EUR 24,90

342 Seiten, fester Einband
ISBN 3-86133-216-7
EUR 44,90

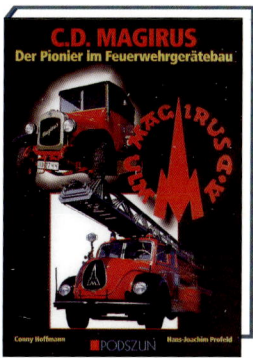

208 Seiten, fester Einband
ISBN 3-86133-241-8
EUR 34,90

188 Seiten, fester Einband
ISBN 3-86133-331-7
EUR 29,90

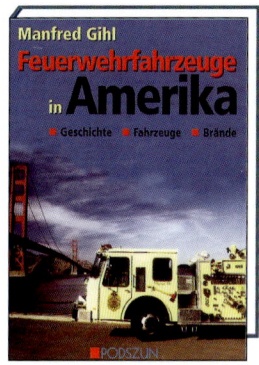

206 Seiten, fester Einband
ISBN 3-86133-248-5
EUR 34,90

160 Seiten, fester Einband
ISBN 3-86133-192-6
EUR 24,90

180 Seiten, fester Einband
ISBN 3-86133-240-X
EUR 34,90

220 Seiten, fester Einband
ISBN 3-86133-175-6
EUR 34,90

182 Seiten, fester Einband
ISBN 3-86133-298-1
EUR 34,90

Die Jahrbücher erscheinen jeweils im Oktober neu ▶

144 Seiten, Leinenbroschur
ISBN 3-86133-361-9
EUR 14,90

144 Seiten, Leinenbroschur
ISBN 3-86133-369-4
EUR 14,90

144 Seiten, Leinenbroschur
ISBN 3-86133-364-3
EUR 14,90